Wulf A. Gewert
Wolfgang Dettlaff

NEUFUNDLÄNDER

Kosmos

So sind Neufundländer ▸ 4

Ein Neufundländer zieht ein ▸ 26

Gesunde Ernährung ▸ 39

Richtige Pflege ▸ 46

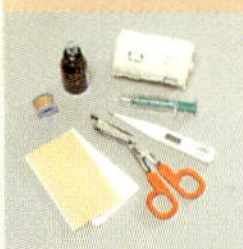

Rundum gesund ▸ 53

Erziehung leicht gemacht ▸ 70

Freizeitpartner Neufundländer 83

Neufundländer züchten 103

Service 111

So sind Neufundländer

So sind Neufundländer

Es gibt kaum einen Menschen, der sich von der ersten Begegnung mit einem Neufundländer nicht tief beeindruckt zeigt. Seine massive, bärenhafte Gestalt, sein gelassenes, freundliches Wesen, seine bei aller Wuchtigkeit so eleganten Bewegungen machen ihn, wo immer er ist, nahezu zwangsläufig zum Mittelpunkt des allgemeinen Interesses. Einen Neufundländer übersieht man nicht. Kinder zieht er geradezu magisch an; er liebt sie sehr und ist ihnen gern ein freudiger, mal übermütiger und mal geduldiger Spielgefährte, dessen Freundschaft ihnen ein besonderes Gefühl von Schutz, Sicherheit und Stärke verleiht. Und die Kinder lieben ihn dafür.

▸ Eine prägende Begegnung

So ist es auch mir ergangen. Ich war noch ein Kind und spielte mit meinen Freunden auf der Straße, als uns eines Tages ein Neufundländer zulief. Es war ein Rüde. Ich erinnere mich noch genau an seine große, massige Gestalt mit dem starken, muskulösen Hals, dem massiven, breiten, gewölbten Scheitel und dem quadratischen, tief angesetzten und eher kurzen Fang. In der Sonne bekam sein nachtschwarzes, reich und lang fallendes Haar einen schimmernden Glanz; es umfloss dicht und füllig die mächtige Brust, den kompakten Rumpf und bildete an den ohnehin sehr kräftigen Läufen fast schon Fahnen. Mit seinem ebenfalls lang und dicht behaarten Schwanz signalisierte er wedelnd freundliche Aufmerksamkeit, wenn wir uns ihm näherten, um ihn zu streicheln oder zum Spielen zu verleiten.

Ja, wirklich, er kam uns vor wie ein Bär und deshalb nannten wir ihn »Bär«. Doch bei aller Größe, aller Mächtigkeit seiner Erscheinung ging nichts Drohendes, nichts Gefährliches von ihm aus. Wir hatten keine Angst vor ihm, obwohl er uns – wir waren im Alter zwischen acht und zehn Jahren – an Größe und Gewicht weit überlegen war. Nein, Angst flößte er uns wirklich nicht ein, unser »Bär«, vielmehr Zuneigung und Zutrauen auf den ersten Blick. Dies meine ich wörtlich, denn seine dunkelbraunen und ziemlich weit auseinander liegenden Augen gaben seinem Gesicht einen freundlich-gelassenen, vor allem aber aufrichtigen und gutmütigen Ausdruck. Es war eine

Freude, mit ihm zu spielen, und eine Lust zu sehen, wie elegant und raumgreifend er sich bei seiner Größe bewegte. Wir schonten ihn nicht beim Spiel. Obwohl »Bär« dabei durchaus Temperament entwickeln konnte, schlug dieses doch niemals um in Aggressivität, auch wenn wir ihn zausten und an ihm zerrten. Wenn ihm alles zu viel wurde, pflegte er würdevoll, jedoch bestimmt zur Seite zu gehen, legte sich hin und war nicht mehr zu bewegen.

Nach einigen Tagen erschien sein Besitzer und »Bär« verschwand, ebenso freundlich wie würdevoll Abschied wedelnd, aus meinem Leben. In meiner Erinnerung ist er mir Spielgefährte, Beschützer und Freund geblieben, aus heutiger Sicht ein Neufundländer wie aus dem Bilderbuch.

Seit damals aber wusste ich, dass ich mir später einmal einen Neufundländer anschaffen würde. Und heute blicke ich auf 20 Jahre zurück, die wir, meine Familie und ich, mit einem Neufundländer zusammengelebt haben, zuerst mit einem schwarzen Rüden, dann mit einer braunen Hündin.

▸ Was einen Neufundländer ausmacht

Der heutige Neufundländer, wie er mir in der Gestalt von »Bär« begegnete, ist das Ergebnis einer planmäßigen und zielgerichteten Zucht. Grundlage dieser Zucht ist der Rassestandard. Dieser enthält genaue Vorgaben zum Erscheinungsbild und zum Wesen der Rasse.

Nach dem Rassestandard, den ich damals noch nicht kannte, war »Bär« sicher ein typischer Neufundländer-Rüde, auch nach Größe und Gewicht, welche für erwachsene Rüden »im Durchschnitt« 71 cm (Widerristhöhe) und 68 kg betragen sollen, während die entsprechenden Vorgaben für Hündinnen »im Durchschnitt« eine Widerristhöhe von 66 cm und ein Gewicht von 54 kg vorsehen. Individuelle Schwankungen nach oben und unten werden toleriert, sofern sie nicht die Proportionen der Gesamterscheinung stören, was daraus deutlich wird, dass der Standard die Größen- und Gewichtsangaben ausdrücklich als Durchschnittswerte bezeichnet.

Im Allgemeinen sind Hündinnen denn auch nicht so massiv gebaut wie Rüden. Ihr Körper darf im Verhältnis etwas länger, ihr Kopf muss nicht ganz so breit und kräftig wie der eines Rüden sein. Aber auch die gegenüber den mehr kompakt gebauten Rüden eleganteren Hündinnen müssen immer im Neufundländer-Typ stehen, also alle Charakteristika der Rasse deutlich erkennen lassen.

Hündinnen lassen sich meist leichter führen und sind nicht so sehr auf Dominanz bedacht wie die mitunter recht eigenwilligen Rüden.

Schon früh wurde der Arbeitshund der neufundländischen Fischer auch als Luxushund betrachtet. »The Best of Friends« malte Edmund Swift 1866.

DIE FARBEN ▸ Neufundländer werden, jedenfalls in Europa, in drei Farbschlägen gezüchtet:

Zunächst gibt es den Schwarzen, die älteste und am weitesten verbreitete Farbvariante. Bei einem Schwarzen werden ein geringer weißer Brustfleck sowie etwas Weiß an den Zehenspitzen und an der Rutenspitze ebenso toleriert wie ein Schwarz mit einem Bronzeschimmer.

Für den braunen Farbschlag gilt Entsprechendes; es soll sich dabei um ein schokoladenfarbenes oder ein bronzefarbenes Braun handeln. Den Braunen wird nachgesagt, sie hätten ein festeres, eher strohiges Fell und einen kräftigeren Knochenbau als der herkömmliche schwarze Neufundländer.

Der weiß-schwarze Farbtyp schließlich soll als Grundfarbe Weiß, einen schwarzen Kopf mit weißer Blesse sowie einen schwarzen, möglichst gleichmäßig ausgebildeten Sattel zeigen, der sich harmonisch bis zur Rute hin fortsetzt. Das Fell des Weiß-Schwarzen ist nicht selten etwas feiner als das der anderen Farbschläge; auch ist das Unterfell zuweilen nicht ganz so dicht.

Neufundländer gibt es in verschiedenen Farben. Bekannt ist der schwarze Farbschlag, während der weiß-schwarze eher selten ist.

In Kanada, dem Ursprungsland der Rasse, wird die Farbe Braun nicht akzeptiert, während die Zucht in den USA über die drei europäischen Farben hinaus auch das Grau anerkennt.

DAS WESEN ▸ Welchem Farbtyp man den Vorzug gibt, ist Sache des Geschmacks. Wer Gelegenheit hat (etwa auf einer Ausstellung), alle drei Farbschläge nebeneinander zu sehen, wird feststellen, dass die Farbe beim Neufundländer in ihrer Bedeutung hinter den Merkmalen zurücktritt, die kennzeichnend für seine Rasse sind; die charakteristischen Rassemerkmale aber sind eindeutig in seinem Wesen angelegt. Zum Wesen gehören solche Eigenschaften wie Mut, Gelassenheit, Friedfertigkeit, Zuverlässigkeit und Intelligenz.

Über allem jedoch steht seine unverbrüchliche und selbstlose Liebe zu seiner Menschenfamilie. Ihr ist er jederzeit ein freudiger und treuer Begleiter, stets wachsam und bereit, sie vor drohender oder vermeintlicher Gefahr zu beschützen. Man soll sich nicht täuschen lassen, wenn man den Neufundländer in seiner typischen Haltung liegend, flach ausgestreckt, den Kopf auf den vorgestreckten Vorderläufen ruhend, scheinbar schlafend antrifft; auch jetzt noch, gerade jetzt nimmt er alles an Gerüchen und Geräuschen aus seiner Umgebung auf. Und man darf sicher sein, dass er die darin enthaltenen Botschaften deutet und ohne Zögern handelt, wenn ihm dies notwendig erscheint. Unsere Hündin Ronja beispielsweise pflegte selbst aus tiefem »Schlaf« Besucher des Hauses zu melden, lange bevor diese an der Haustür klingelten, und zwar so unterschiedlich, dass wir erkennen konnten, ob ein Freund, Bekannter oder Fremder nahte. Wie oft sprang Ronja plötzlich und begeistert aus ihrem scheinbaren Schlaf auf, wenn sie nur hörte, dass ihre Leine in die Hand genommen wurde. Ihrer Wachsamkeit fühlten wir uns immer sicher, auch dann, wenn sie ruhte oder zu schlafen schien.

Für einen Neufundländer bildet die Menschenfamilie den Mittelpunkt seines Lebens. Ihr zu dienen, sie zu schützen verwendet er alle Energie, Aufmerksamkeit und Anstrengung, jederzeit, ausnahmslos. Da ist es kein Wunder, wenn sein edler Charakter immer wieder gerühmt wird.

Der englische Dichter Lord Byron (1788–1824) hat ihm mit einem berühmt gewordenen Gedicht ein romantisches Denkmal gesetzt. Es handelt sich um eine Inschrift für seinen im Alter von 5 Jahren gestorbenen Neufundländer namens Boatswain auf einem eigens geschaffenen Grabmal im Park seines Schlosses in Newstead-Abbey. Welcher Neufundländer-Freund kennt nicht diese Verse?

An dieser Stelle
Ruhen die Gebeine von Einem,
Welcher Schönheit besaß ohne Eitelkeit,
Stärke ohne Überheblichkeit,
Mut ohne Wildheit
Und alle Tugenden des Mannes
ohne seine Laster.
Solches Lob wäre
Nichtssagende Schmeichelei
Als Inschrift über menschlicher Asche.
Ist nur gerechte Dankesschuld
Zur Erinnerung an Boatswain,
einen Hund,
Geboren auf Neufundland, Mai 1803,
Und gestorben zu Newstead-Abbey
Am 18. November 1808.

»A distinguished Member of the Human Society«, ein berühmtes Gemälde des englisches Malers Sir Edwin Landseer.

Von dem großen Schmerz, den Lord Byron über den Verlust seines geliebten Neufundländers Boatswain empfand, künden seine weiteren Verse. Es ist der Schmerz über den Verlust eines Freundes, des »besten Freundes der Welt«. Sie klingen aus mit diesen Worten:

Ihr, die ihr diese schlichte Urne seht,
Sie ehret nichts, was Ihr betrauert – geht!
Von einem Freund erzählt
das Denkmal mir,
Ich kannte Einen bloß, und der liegt hier.

Auch wenn wir dem 20-jährigen Dichter einen gewissen, aus seiner Zeit zu erklärenden, romantischen Überschwang zugute halten dürfen, so geben seine Verse doch beredten Ausdruck von der engen Bindung an seinen Freund Boatswain. Byron schreibt ihm menschliche Qualitäten zu, wie sie so intensiv und unverfälscht bei den Menschen selbst nicht anzutreffen seien.

Mit dieser Haltung steht Lord Byron nicht allein. Schon immer haben die Menschen ihren Hunden Charakterbezeichnungen verliehen, die der Psychologie des Menschen entstammen (wie z.B. Stolz, Würde, Adel, vornehme Ruhe, edles Denken usw.). Von dem bekannten englischen Maler Landseer (1803–1873) stammt das berühmte Bild eines weiß-schwarzen Neufundländers mit dem Titel »Ein vornehmes Mitglied der menschlichen Gesellschaft« (1831). Die vornehme Haltung des abgebildeten Hundes lässt den Gedanken, der Titel sei doch wohl ironisch gemeint, erst gar nicht aufkommen.

Auf der Hand liegt, dass ein Hund von der Größe, Stärke und Eleganz eines Neufundländers, dazu ausgestattet mit einem ebenso ausgeglichenen wie anhänglichen Wesen, geradezu Bezeichnungen herausfordert, wie sie für einen besonders guten, ja edlen Menschen angemessen sein mögen. Wer mit einem Neufundländer unter einem Dach lebt und täglich erfährt, mit welch bedingungsloser Hingabe so ein großer, starker Hund seine Existenz in den Dienst seiner Menschenfamilie stellt, wird nicht im Mindesten zögern, ihm eine Seele, die Fähigkeit zu lieben und solche Eigenschaften wie Stolz, Vornehmheit und Adel zu bescheinigen. Und klug ist ein Neufundländer ja sowieso.

Es ist das Verdienst von Prof. Victor Goerttler, einem ausgewiesenen Kenner der Neufundländer-Rasse, darauf hingewiesen zu haben, dass eine derart vermenschlichende Betrachtung keinem Hund, also auch unserem Neufundländer nicht, gerecht werden kann. Wenn man die Seele des Menschen als Gesamtheit seines Wahrnehmens, Fühlens, Denkens und Wollens definiert, so spricht gegen die Annahme einer Seele beim Hund, dass er nicht logisch denken und planen kann. Gleichwohl zweifelt auch Goerttler nicht daran, dass ein Hund »seelische Regungen« und einen »triebmäßigen Willen« hat. Für uns jedenfalls, die wir in Hausgemeinschaft mit einem Neufundländer leben bzw. leben wollen, ist es wichtig, ihn bei aller Liebe, aller Hingabe und Treue, die er uns täglich entgegenbringt, als das zu sehen, was er ist: ein keiner Schuld fähiges Tier, für dessen Existenz wir verantwortlich sind und bleiben, das wir aber völlig überfordern, wenn wir es wie einen menschlichen Hausgenossen behandeln.

Wie steht es dann aber mit der für einen Neufundländer geradezu sprichwörtlichen Anhänglichkeit und Treue? Sind dies nicht auch typisch menschliche Charakterzüge, welche eine Seele, also logisches Denken und Planen (Wollen) voraussetzen?

Natürlich nicht, wird der Kynologe sagen und beide Eigenschaften auf erblich festgelegte Ursachen zurückführen, insbesondere nämlich auf das Zugehörigkeitsgefühl zur Meute und auf das Besitzergefühl für sein Revier. Dem Neufundländer steht seine Menschenfamilie für die Meute. Je kleiner die Familie, desto intensiver seine Bindung; am intensivsten dann, wenn die Familie/Meute nur aus einer Person besteht. Als »Revier« gilt dem Neufundländer – wie grundsätzlich jedem Hund – Wohnung, Haus und Garten seiner Meute; Briefträger, Zeitungsboten und Angehörige ähnlicher Zünfte werden dies ohne weiteres bestätigen.

Spaziergänge mit anderen Neufundländerfreunden sind eine beliebte Freizeitbeschäftigung

HUNDE MIT SEELE ▶ Die Liebe des Neufundländers zu seinem Herrn, zu seiner Familie, seine Treue und Wachsamkeit, seine aufopfernde Fürsorge: alles nur ererbtes, nur triebhaftes, allenfalls geprägtes Verhalten? Unser Neufundländer also ein Wesen ohne Seele? Mein Innerstes sträubt sich gegen diese Vorstellung. Ich weiß nur – und alle aktuellen Informationen aus der Gentechnologie bestärken mich in dieser Gewissheit – , dass wir heutigen Menschen auf einen langen, nach Millionen von Jahren zählenden entwicklungsgeschichtlichen Weg zurückblicken, ohne den wir so, wie wir heute sind, nicht möglich wären. Erst zum Ende dieses Weges, erst seit wenigen Zehntausend Jahren, erscheinen wir als vernunftbegabte Wesen, als »beseelte« Menschen. Einen großen Teil dieses Weges hat uns der Hund, der domestizierte Wolf, begleitet, hat Freud und Leid mit uns geteilt, Gefahren bestanden, mit uns Siege errungen und Niederlagen hinnehmen müssen. Ich weiß: Mensch und Hund sind im Innersten miteinander verbunden, sicher viel mehr, als uns heute bewusst ist. Also doch: Hundeseele?

Welcher Besitzer eines Neufundländers kennt sie nicht, diese Augenblicke, in denen man sich »versteht«: manchmal nur ein Blickwechsel oder eine Geste, ein Stupser unseres Hundes mit der Nase, eine unvermittelt und scheinbar ohne jeden Grund auf unseren Schoß gelegte Hundepfote. In solchen Momenten ist mir mein Neufundländer nahe, so nahe, dass mir die Frage, ob er eine Seele hat, müßig vorkommt. Freuen wir uns, dass er, wie kaum eine andere Rasse, sich seiner Familie fest verbunden fühlt und dies jederzeit, wenn es darauf ankommt, unter Beweis stellen wird.

▶ Die Heimat des Fischerhundes

Wenn wir unseren Neufundländer »verstehen«, mit ihm – und nicht nur neben ihm – leben wollen, sollten wir wissen, woher er kommt und warum er so geworden ist, wie wir ihn kennen.

Wir müssen zu diesem Zweck nach Neufundland reisen, einer großen, der Halbinsel Labrador vorgelagerten Insel im Atlantik, an der Mündung des St. Lorenz Stroms im äußersten Südosten

Kanadas. Politisch versteht man heute unter Neufundland eine kanadische Provinz, von deren Land etwa $^3/_4$ auf die Küstenregion von Labrador entfallen und $^1/_4$ auf die eigentliche Insel Neufundland. Nur diese ist gemeint, wenn ich im Folgenden von Neufundland spreche; von ihr hat unser Neufundländer seinen Namen.

Die Insel Neufundland ist mit einer Fläche von 108.860 km^2 fast $^1/_3$ so groß wie das wiedervereinigte Deutschland. Die ebenso wie das benachbarte Labrador vermutlich bereits seit Tausenden von Jahren besiedelte Insel wurde um das Jahr 1000 von den Wikingern »entdeckt« und 1497 von dem Anglo-Italiener John Cabot (Giovanni Caboto) »wieder entdeckt«. Wegen ihrer reichen Fanggründe wurde sie schon seit Anfang des 16. Jahrhunderts das Ziel europäischer Fischer. In der folgenden Zeit entbrannte zwischen England und Frankreich ein Streit um den Besitz der Insel. 1699 untersagte das britische Parlament ihre Besiedlung. Dieses Verbot, das etwa 150 Jahre formal in Kraft war, sollte die Interessen der britischen Fischer schützen. 1713 einigten sich Frankreich und England; Neufundland wurde britische Kolonie. Die Franzosen behielten lediglich die der Südküste vorgelagerten Inseln St. Pierre und Miquelon als Fischereistützpunkte. Das Besiedlungsverbot konnte nicht verhindern, dass die Insel allmählich – vornehmlich von Engländern – besiedelt wurde. Die damals wie heute überaus dünne Bevölkerung (derzeit: 1,4 Personen/km^2; zum Vergleich: Deutschland 230/km^2) konzentrierte sich – wie auch jetzt – auf die Küstenbereiche der Insel. Seit 1949 ist Neufundland Mitglied der Kanadischen Union.

Der Fischreichtum Neufundlands hat einen Namen: die Neufundland-Bank, auch Grand Bank genannt, welche südöstlich der Insel gelegen ist und als einer der reichsten Fischgründe der Erde gilt. Hier, wo der arktische Labrador- und der warme Golf-Strom aufeinander treffen, ist das Wasser reich an Plankton, der Hauptnahrungsquelle vieler Fischarten, die dort in großen Schwärmen anzutreffen sind. Bis Ende des 19. Jahrhunderts bildete daher die Fischerei, vor allem auf den Kabeljau, den entscheidenden Wirtschaftsfaktor, der in seiner Bedeutung jedoch zunehmend von der Forst- und später auch der Bergbauindustrie verdrängt wurde. Heute stellt der Export von Bodenschätzen den bei weitem wichtigsten Wirtschaftsfaktor in der Provinz Neufundland dar, jedoch sind immer noch viele Menschen in der Fischereiindustrie beschäftigt.

In der uns geschichtlich zugänglichen Zeit, also etwa ab Beginn des 16. Jahrhunderts, versammelten sich Fischfangschiffe aller bedeutenden Fischereinationen Europas zu Hunderten, namentlich aus England, Frankreich, Spanien und Portugal, in den nebligen Gewässern der Neufundland-Bank zum Fischen. Der gefangene Fisch musste jedoch für die lange Reise zur Vermarktung im Heimatland haltbar gemacht werden. Dazu wurde er entweder eingesalzen (gepökelt) oder getrocknet. Dies geschah an Land. Entlang der Küste Neufundlands bildeten sich deshalb viele Fischereistützpunkte, die nur während der Fangsaison bewohnt waren. Die angelandeten Fische mussten zu den Trocknungsgestellen gebracht werden. Für diese Transporte gab es keine Pferde- oder Ochsengespanne. Die Insel unterlag ja dem von England ausgesprochenen Besiedlungsverbot. Was also lag näher als Hunde beim Transport einzusetzen? Sie konnten leicht und in großer Zahl auf die Insel gebracht, von den Fischabfällen ernährt und bei der Abreise sich selbst überlassen werden, wenn sie nicht bei den wenigen Fischern bleiben durften, die sich trotz des Besiedlungsverbotes nach und nach auf der Insel niederließen.

Später, Anfang des 19. Jahrhunderts, als das Besiedlungsverbot aufgehoben war und Farmer auf die Insel kamen, verdrängten Pferde- und Ochsengespanne diesen Einsatz der Hunde. Sie wurden jedoch weiter als Zugtiere für den Transport von Brennholz gebraucht, welches aus oft unwegsamen, sumpfigen Gebieten in die Siedlungen geschleppt werden musste.

Schließlich setzten die Inselbewohner – dem Vorbild der Indianer und Eskimos folgend – Schlittenhunde-Gespanne ein, um Verbindung vor allem unter den Küstensiedlungen zu halten, wenn diese vom Wasser her durch Eisfelder blockiert waren.

Es liegt nahe, dass die Hunde, die den Menschen auf der Insel zur Hand gingen, von den dortigen rauen geographischen und klimatischen Verhältnissen ebenso geprägt wurden wie durch die schweren Arbeiten, die sie verrichten mussten. Die besten Überlebenschancen hatten unter solchen Umständen sicher Hunde, die von kräftiger Gestalt und mit einem wetterfesten Fell ausgestattet waren.

▸ Wasser ist sein Element

Sicher ist auch, dass diese Inselhunde mit den Menschen am Meer und vom Meer lebten, dass Wasser also Teil ihres natürlichen Lebensraumes war und dies die Entwicklung der Neufundländer-Rasse ganz wesentlich bestimmt hat. Die Inselhunde mussten auch gute Schwimmer sein, wenn sie an der Inselküste leben und die Menschen dort begleiten wollten. Da liegt die Annahme nicht fern, dass das dort so raue und den Menschen besonders feindliche Element Wasser die Liebe und Treue der Hunde oft zu Rettungstaten herausforderte und der von den Menschen einmal als solcher erkannte

Das fast wasserundurchlässige Fell sorgt mit seinem Luftpolster für die typische Schwimmlage des Neufundländers.

»Saved!« Schon früh wurde der Neufundländer wegen seiner Wasserrettungen berühmt, was auch Sir Edwin Landseer inspirierte.

»Rettungstrieb« der Hunde gefördert und für den Umgang mit dem nassen Element nutzbar gemacht wurde.

Der Rettungstrieb des Neufundländers ist geradezu legendär. Er ist vielfach bezeugt und bis heute ein Thema für Kynologen und Verhaltensforscher geblieben, welche darüber streiten, ob der Neufundländer einen angeborenen Instinkt, Leben zu retten, besitzt oder nicht. Wir brauchen diesen Streit nicht zu entscheiden, da im Ergebnis jedenfalls Einigkeit besteht, dass den Neufundländer ein besonders ausgeprägter Hang auszeichnet, Ertrinkenden zu helfen und ihr Leben zu retten.

Dabei kommen ihm anatomische wie auch psychische Eigenschaften zustatten. Wenn auch die Behauptung, er besitze zwischen den Zehen gut ausgebildete Schwimmhäute, in den Bereich der Fabel gehört, so ist es doch richtig, dass er zwischen den Zehen deutlich ausgebildete Zwischenhäute hat, die es ihm erleichtern, mit kräftigen Zügen zu schwimmen, ohne schnell zu ermüden. Sein muskulöser Körperbau und vor allem sein dichtes, wasserabweisendes Fell sind weitere Voraussetzungen dafür, dass er sich gewandt und ausdauernd im Wasser bewegen kann – und das selbst im Herbst und Winter.

Wer einem Neufundländer beim Schwimmen zuschaut, wird immer wieder davon fasziniert sein, wie leicht und harmonisch es aussieht, wenn er – Widerrist und Kruppe am Wasserspiegel – mit vorgestrecktem Kopf und Hals seine Bahn zieht. Unverwechselbar ist die Form seines Kopfes, beherrscht von dem so genannten Stop, das ist die weiche, runde Wölbung, mit der sich das Stirnbein aus den Nasenknochen und von den Ansätzen der Beißmuskeln her erhebt und in den Schädel mündet. Sein starker Nacken zeugt davon, dass hier kräftige Muskeln und Sehnen ansetzen bzw. verlaufen, die er beim Ziehen und

Transportieren von Lasten braucht. Der Neufundländer ist auch im Wasser ein imposanter Hund.

Wichtig zu wissen aber: Nicht alle Neufundländer-Welpen gehen ohne weiteres ins Wasser und können dann sofort schwimmen. Die meisten Neufundländer müssen das Schwimmen erst lernen. Geschieht dies nicht schon in der Jugend, so sind sie als Erwachsene mitunter wasserscheu. Dies hat dann aber in der Regel nicht der Neufundländer, sondern sein Herr zu verantworten, der ihn nicht rechtzeitig genug an das Schwimmen herangeführt hat. Zu verzweifeln braucht man deswegen nicht, wie ich aus eigener Erfahrung bestätigen kann. Unseren ersten Neufundländer, einen Rüden namens Bob, hatten wir sicher ebenfalls zu spät zum Schwimmen gebracht. Statt sich beim Anblick eines Gewässers sofort und »vorschriftsmäßig« in dieses zu stürzen, liebte er es, im seichten Uferwasser zu planschen, Wasser zu verspritzen und sich zum guten Schluss möglichst in unserer Nähe trocken zu schütteln. So hatten wir alle unseren Spaß.

Natürlich blieben wir aber immer davon überzeugt, dass Bob uns ohne Zögern vor dem Ertrinken retten würde, falls dies einmal nötig werden sollte.

Unser unerschütterliches Zutrauen zu Bob hatte seinen Grund. Wir waren dem Mythos erlegen, den die vielen, geradezu unglaublichen Berichte von Neufundländern und ihren Heldentaten geschaffen hatten. Wer kennt sie nicht, die berühmten Erzählungen von der Errettung Schiffbrüchiger, die ihr Leben dem mutigen und selbstlosen Eingreifen eines Neufundländers verdanken?

Die Schlacht von Waterloo (1815) – sie wäre nicht geschlagen worden, wenn nicht ein Neufundländer namens Boatswain den auf seiner Flucht von der Insel Elba nach Frankreich ins Meer gefallenen Napoleon vor dem Ertrinken gerettet hätte. Mutig auch die Rettungstat eines Neufundländers, der 1919 in der Nähe von Bonne Bay (einer Bucht an der Küste Neufundlands) 92 Passagiere des havarierten Küstendampfers »Ethie« aus Seenot rettete, indem er in stürmischer See ein Seil vom Schiff aus an Land transportierte und so eine Verbindung schuf, welche die Passagiere zur Rettung nutzen konnten.

Von dem schon erwähnten Maler Landseer stammt ein weiteres, ebenfalls berühmtes Bild mit dem Titel »Saved« (1856). Es zeigt einen weißschwarzen Neufundländer erschöpft auf steinigem Strand liegend, auf seinen Vorderpfoten ausgestreckt der Körper eines kleinen Mädchens, das er soeben aus dem Wasser gerettet hat. Mit diesem Werk hat Landseer den Mythos vom lebensrettenden Neufundländer so dicht, so eindrucksvoll ins Bild gesetzt, wie es Worte nicht vermögen.

Dieser Mythos umgibt den Neufundländer bis heute mit ungebrochener Kraft. Sein Bild ziert Briefmarken. Seine Tugenden inspirierten und inspirieren die verschiedensten Künstler und Großen ihrer Zeit. Dickens, Wagner und Sir Walter Scott nannten Neufundländer ebenso ihr Eigen wie Bundeskanzler Gerhard Schröder.

Literarischer Ehren wurde er für würdig befunden durch Lord Byron und Fontane (1819–1898; »Effi Briest«), während ihm Jack London (1876–1916) eine eigene, berühmte Erzählung widmete: »Ruf der Wildnis«, die Geschichte von dem Neufundländer Buck, der als Schlittenhund unter den Goldsuchern in Alaska lebte, sich nach der Ermordung seines Herren durch Indianer der Wildnis zuwandte und Wölfen anschloss, als deren Anführer er dann ein freies, wildes Leben führte. Herzzerreißend ist die Geschichte vom Jäger Evans und seinem Neufundländer Poppy, welche wir Friedrich Gerstäcker (1816–1872) verdanken. Der Jäger und sein Hund lieben sich innig. Als Poppy seinen Herrn bestiehlt, wird er von diesem tief enttäuscht verstoßen, worauf Poppy schließlich in der Fremde an seinem Trennungsschmerz verzweifelt und durch Selbstmord endet.

▸ Die Abstammung

Zum Mythos des Neufundländers gehört auch das Geheimnis seiner Herkunft. Der Ursprung der Neufundländer-Rasse ist bis heute ungeklärt. Umstritten ist bereits die Frage, ob von Neufundland aus zwei Hunderassen nach Europa und dort vor allem nach England, aber auch nach Frankreich eingeführt wurden. Wir erinnern uns: 1713 wurde die Hauptinsel Neufundland britische Kolonie. Den Franzosen verblieben lediglich die Nachbarinseln St. Pierre und Miquelon, deren Hundepopulation zum Export nach Frankreich genutzt wurde.

Zeitgenössische, vornehmlich englische Stiche und Bilder aus dem 17. und den folgenden beiden Jahrhunderten zeigen aus Neufundland importierte Hunde von stattlicher Größe, fast immer mit weiß-schwarzem, gelegentlich auch mit weiß-braunem Fell. Solche Bilder gibt es seit etwa 1650. Das früheste Bild einer rein schwarzen Hündin im Neufundländer-Typ hingegen ist französischer Herkunft und datiert von 1729; es zeigt sie zusammen mit einer Windhündin und wurde von dem französischen Maler Oudry gemalt, der am Hofe Ludwigs XV. beschäftigt war. Nimmt man den Hintergrund des Bildes wie auch die Windhündin zum Maßstab, so war die Neufundländer-Hündin höchstens mittelgroß.

Schriftliche Quellen aus dieser frühen Zeit sind nicht bekannt. Im Jahre 1800 jedoch erscheint in England die »Cynographia Britannica« von Sydenham Edwards, London, in der es u.a. heißt: »Der Neufundländer ist jetzt überall bekannt und wird in ganz Europa gezüchtet ...« Und weiter: »Die Größe, der Mut und die weithin bekannte Treue des Neufundländers berechtigen ihn verdientermaßen dazu, den ersten Rang unter allen Hunderassen einzunehmen ...« Und weiter: »Meistens sind diese Hunde schwarz und weiß ...«.

Ein rein schwarzer Neufundländer wird von Edwards (noch) nicht erwähnt.

Der weiß-schwarze Farbtyp aber erlangte fortan unter dem Namen »Landseer« weitere Verbreitung und allgemeine Bekanntheit. Als Namensgeber steht der schon erwähnte englische Maler Landseer Pate, der zwischen 1820 und 1855 so viele wunderschöne und beeindruckende Darstellungen des weiß-schwarzen Neufundländers schuf.

Später jedoch, etwa ab Mitte des 19. Jahrhunderts, begann sich das Interesse der englischen Hundeliebhaber mehr dem schwarzen Neufundländer zuzuwenden. Der Landseer verlor an Popularität. Nun wurden immer häufiger Schwarze aus Neufundland importiert, zur Zucht eingesetzt und ausgestellt.

Auf dem europäischen Kontinent verlief die Entwicklung anders. Hier war es zunächst Frankreich, das aufgrund seiner Verbindung zu den Neufundland-Inseln St. Pierre und Miquelon schwarze Neufundländer importierte. Dort gab es so gut wie keine andersfarbigen Hunde.

Die etwa Mitte des 19. Jahrhunderts eingetretene Vormachtstellung des schwarzen Neufundländers wird belegt durch das 1881 (!) erschienene Deutsche Hunde-Stamm-Buch. Dort wird unter der Rubrik »Der Neufundländer« zunächst die Notwendigkeit betont, beim Neufundländer zwei Unterrassen zu unterscheiden, und zwar

1. den Neufundländer mit schlicht gewelltem Haar von durchweg schwarzer Farbe und

2. den weiß und schwarz gefleckten Neufundländer mit kraus gelocktem oder gerolltem Haar, welches auch einfarbig schwarz oder schwarz mit weißen Abzeichen sein dürfe, sofern der Hund nur im Typ des Landseers stehe.

Vor allem aber kritisiert das Stammbuch die »gegenwärtig in England beliebte Auffassung von der einzig zulässigen Form des schlichthaarigen, einfarbig schwarzen Hundes« als falsch und stellt seine These von den zwei Unterrassen dagegen.

▸ Der Neufundländer in Deutschland

In Deutschland begann man etwa um 1870/1880 nun ebenfalls damit, Neufundländer zu importieren und zu züchten; es handelte sich hier ausschließlich um schwarze Neufundländer.

Im Jahre 1886 wurde der englische Newfoundland Club gegründet, dem 1893 in Deutschland die Gründung des »Neufundländer-Klubs für den Kontinent« folgte, aus dem der heutige Deutsche Neufundländer Klub (DNK) hervorgegangen ist. Während man bereits um 1875 in England begonnen hatte, ein Zuchtbuch zu führen, folgte der deutsche Klub 1898 mit der Herausgabe eines Neufundländer-Stammbuchs, seines Zuchtbuchs Nr. 1, in dem alle für den Klub bedeutsamen Ereignisse zusammengefasst und das Zuchtgeschehen dokumentiert waren. Mit Erscheinen dieses Zuchtbuchs war die bis dahin fehlende Grundlage zum Aufbau einer geordneten und planmäßigen Zucht von Neufundländern auf dem Kontinent geschaffen. Die Klubgründer entschieden sich von Anfang an eindeutig dafür, den Neufundländer als einfarbig schwarzen, großen und imposanten Hund zu züchten, wenngleich der Klub in seinem Regelwerk auch schwarz und weiß Gefleckte zuließ. Diese aber wurden zunächst nicht gezüchtet.

Welpen sind neugierig.

Ein Bär von einem Hund

Erst 1934 fielen im DNK die ersten weiß-schwarzen Welpen. Nun begann man, auch eine Landseer-Zucht aufzubauen. Da man damals Schwarze und Weiß-Schwarze als verschiedene Schläge der gleichen Rasse betrachtete, wurden beide Farben zusammen im Zuchtbuch des Klubs geführt. Schon bald aber ging die Zucht der Weiß-Schwarzen in zwei Richtungen: Die einen wollten größere und leichtere, mehr im Rechteckformat stehende Hunde züchten, den »Schlanktyp«, den »alten Landseer«, die anderen aber einen Weiß-Schwarzen, der mit Ausnahme der Farbe dem Schwarzen glich, also robuster und kompakter, wenn auch etwas kleiner als der »alte Landseer« gebaut war.

▸ Die Trennung vom Landseer

Der Richtungsstreit führte schließlich zu der viel grundsätzlicheren, schon oben erwähnten Kontroverse, nämlich zum Streit darüber, ob es sich bei dem »alten Landseer« einerseits und dem schwarzen Neufundländer andererseits (auch wenn man diesem die weiß-schwarze Färbung angezüchtet hatte) um zwei verschiedene Rassen oder um Unterarten ein und derselben Rasse handele.

Die Lobby des »alten Landseer« setzte sich schließlich durch und erreichte, dass er 1960 als eigene Rasse anerkannt und ein besonderer Rassestandard für ihn geschaffen wurde. Danach führt er nun offiziell die Rassebezeichnung »Landseer Kontinental-Europäischer Typ« (oder in Abkürzung der englischen Version: »Landseer ECT«).

Kanada, die USA und England akzeptierten diese Rassentrennung allerdings nicht. Nach ihrem Verständnis handelt es sich bei beiden Farbschlägen ungeachtet aller sonstigen Unterschiede um Farbvarianten derselben Rasse, nämlich der Neufundländer-Rasse. Kurios ist, dass diese Länder für den weiß-schwarzen Neufundländer auch – historisch bedingt – die Bezeichnung »Landseer« verwenden. Wer also im anglo-amerikanischen Raum vom Landseer spricht, meint einen weiß-schwarzen Neufundländer, der nach europäischem Verständnis, abgesehen von der Farbe, mal wie ein Neufundländer, mal wie ein Landseer ECT aussehen kann. Und wer in Europa einem großen weiß-schwarzen Hund begegnet, muss schon genauer hinsehen, um zu wissen, ob er einem weiß-schwarzen Neufundländer oder einem Landseer ECT gegenübersteht.

Dann aber offenbaren sich die Unterschiede im äußeren Erscheinungsbild beider Rassen doch deutlich: Den

Neufundländer erkennen wir an seinem typischen gewölbten Schädel, dem gedrungeneren und niedriger gestellten Körperbau sowie an seinem länger und dichter fallenden Haar, das an den Beinen eine reichliche Befederung bildet und dadurch den kompakten Gesamteindruck verstärkt. Eine dichte Unterwolle macht das Fell wetterfest. Der Landseer hat demgegenüber einen deutlich flacheren Oberkopf, ist höher und gestreckter gebaut. Sein Haar ist dünner und leichter, die Unterwolle bei weitem nicht so dicht.

▸ Das Erbe seiner Herkunft

Wie schon erwähnt, ist der Ursprung der Neufundländer-Rasse bis heute ungeklärt. Ihre Ausbreitung und Entwicklung in Europa lassen Rückschlüsse nicht zu. Die zunächst eingeführten großen, weiß-schwarz gefärbten Neufundländer-Hunde sollen das Ergebnis einer Vermischung der auf Neufundland bereits vorhandenen, überwiegend schwarzen, kleineren Inselhunde mit großen Hunden sein, die von Seefahrern und Fischfängern mitgebracht wurden und bis dahin als Fleischer-, Hirten-, Hof- und Zughunde verwendet wurden. Möglicherweise – so wird spekuliert – sei in das Blut der Inselhunde auch das Blut großer, von den Wikingern gehaltener Bärenhunde eingeflossen. Schließlich hätten die Wikinger ja bereits um 1000 n. Chr. auf der Insel gelagert. Auch sei nicht auszuschließen, dass Indianerhunde vom Festland und über diese sogar der schwarze amerikanische Wolf zu den Vorfahren der Inselhunde und damit des Neufundländers zählten. Der weiß-schwarze Mischling habe sich auf der Insel neben dem weiterhin vorkommenden schwarzen Inselhund entwickelt. Dies erkläre auch, warum aus Neufundland zunächst größere, weiß-schwarze und später kleinere, schwarze Hunde nach Europa ausgeführt wurden.

Wie dem auch sei! Der Begriff »Rasse« ist, wie auch Goerttler in seinem Buch »Neufundländer und Landseer« ausführt, in der Hundezucht kein absoluter, sondern ein relativer Begriff. Der heutige Neufundländer ist das Ergebnis einer planmäßigen, zielgerichteten Zucht über mehrere Jahrhunderte. Sein Erscheinungsbild hat sich im Laufe der Zeit geändert. Insoweit haben sicher ästhetische – um nicht zu sagen modische – Gesichtspunkte die Zucht wesentlich beeinflusst. Die Einflüsse, welche ursprünglich die sich bildende Rasse geprägt haben – das raue atlantische Küstenklima Neufundlands, das dort besonders lebensfeindliche Element Wasser, der harte Arbeitseinsatz beim Fischen, Ziehen und Schleppen –, all dem ist der Neufundländer heutzutage entzogen.

Umso mehr ist es Aufgabe der heutigen Zucht, den Neufundländer mit seinen ursprünglichen rassespezifischen Eigenschaften zu erhalten und zu fördern, Eigenschaften, die ihn befähigt haben, an Land beim Ziehen von schweren Lasten die extrem strengen klimatischen Bedingungen Neufundlands zu ertragen und als Wasser- und Rettungshund den Gefahren des Meeres zu trotzen, wie der geltende Rassestandard hervorhebt.

Es ist das Plus des Neufundländers, dass seine Rasse als durchgezüchtet gilt und ihr ein stabiler genetischer Kern bescheinigt wird. Diesen gilt es zu bewahren, durch eine verantwortungsbewusste Zucht und Haltung der Rasse.

Internationale Zuchtvereine

Die europäische, kontinentale Zucht von Neufundländern kann auf eine über 100-jährige Geschichte verweisen. Sie lag zunächst in den Händen des schon erwähnten, 1893 gegründeten Neufundländer Klubs für den Kontinent, aus dem der heutige Deutsche Neufundländer-Klub e.V. (DNK) mit Sitz in München hervorgegangen ist. Er hat die Entwicklung der Zucht maßgeblich beeinflusst und wesentlich zur Verbreitung der Rasse beigetragen. Heute ist der DNK der mit Abstand größte Neufundländer-Verein in Deutschland und verfügt mit einem Welpenaufkommen von etwa 800 Welpen im Jahr über eine solide Zuchtbasis.

Gezüchtet werden alle Farben, die der Rassestandard zulässt, also schwarze, weiß-schwarze und braune Neufundländer.

1911 wurde der Klub in das so genannte »Kartell« aufgenommen. Dieses Kartell, der Vorläufer des heutigen Verbandes für das Deutsche Hundewesen e.V. (VDH), hatte sich 1906 als Zusammenschluss verschiedener Rassehunde-Zuchtvereine gebildet, um das Ausstellungswesen zu ordnen und der aufkommenden Geschäftemacherei im deutschen Hundewesen entgegenzuwirken. Im VDH sind heute etwa 155 Rassehunde-Zuchtvereine mit etwa 650.000 Mitgliedern zusammengeschlossen, darunter ein weiterer, zwischen 1980 und 1990 aus dem DNK hervorgegangener, kleinerer Neufundländer-Verein, der Verein von Neufundländer-Freunden (VND). Der VDH ist damit im politischen und gesellschaftlichen Leben zu einem beachteten und respektierten Sachwalter der Interessen von Hundezüchtern, Hundehaltern und nicht zuletzt der Hunde selbst geworden.

Ebenfalls im Jahre 1911 wurde unter Beteiligung des deutschen Kartells die Fédération Cynologique Internationale (FCI) gegründet, die als weltweite Dachorganisation der nationalen Hundeverbände konstituiert wurde. Die USA, Kanada und England sind nicht Mitglied der FCI, ihr jedoch kooperativ verbunden, und denselben kynologischen Zielen verpflichtet.

Die Zugehörigkeit zu diesem Verbund bedeutet für einen Rassehunde-Zuchtverein in Deutschland zunächst, dass er sich an erster Stelle auf die Zucht gesunder und wesensfester Hunde festgelegt hat. Dabei wird er vom VDH unterstützt und begleitet, der z. B. seinen Mitgliedsvereinen nicht nur die systematische Bekämpfung bestimmter Erbkrankheiten zur Auflage gemacht hat, sondern selbst auch kynologische Projekte initiiert und trägt, z.B. veterinärmedizinischen und erbbiologischen Fragen nachgeht.

TIPP

Wer einen Neufundländer erwerben will, der nach diesem Standard gezüchtet wurde, wird darauf achten, dass er »FCI/VDH-Papiere« hat.

Für die Zucht bzw. die Züchter in den Mitgliedsvereinen des VDH bietet dieser Verbund den unmittelbaren, wesentlichen Vorteil, dass sie sich des international vorhandenen Zuchtpotenzials bedienen können, um die eigene Zucht aufzufrischen und zu verbessern. Es ist heute völlig üblich geworden, dass Zwinger sich international austau-

Wovon Neufundländer träumen ...

schen und informieren. Erfolgreiche Deckrüden z. B. sind fast immer international im Einsatz.

Wenn ich hier über die Verantwortung und Perspektive der Zucht von Neufundländern spreche, so unter dem Eindruck der aktuellen Situation in der Genforschung und Gentechnologie. Analyse und Manipulation des Erbguts, planmäßiges Erfassen und Bekämpfen von Erbkrankheiten mittels der Gentechnologie, Klonen nach Katalog sind nur einige Stichworte, die ich an dieser Stelle nennen möchte, nicht zu vergessen die fast unbegrenzt erscheinenden Möglichkeiten der elektronischen Erfassung und Weitergabe von Daten und Informationen, auf die mittlerweile fast jeder Zugriff hat.

Dass diese technische Entwicklung auch vor der Zucht von Neufundländern nicht Halt machen wird, steht für mich außer Frage. Sie bietet große Chancen, birgt aber auch die Gefahr des Missbrauchs. Hoffen wir, dass die Züchter verantwortungsbewusst damit umgehen. Denn sie haben ein Erbe zu verwalten, nämlich das Erbe einer über viele Generationen hin aufgebauten, weit über 100 Jahre alten Zucht, welche sich stets an dem Neufundländer selbst orientiert hat, an seiner imposanten Erscheinung und vor allem an seinem noblen Wesen.

▸ Zuchtlinien

Es lohnt sich, wenn wir jetzt einen Blick auf die Entwicklung der Neufundländer-Zucht in Deutschland werfen, die ja der kontinentalen Zucht den Weg bereitet hat.

Die Neufundländer-Hunde, mit denen man in Deutschland zu züchten begann, waren zum Teil über Frankreich aus Neufundland, zum Teil aus England importiert. In England führte

Freunde, die sich mögen ...

man, wie schon erwähnt, ab 1875 ein Zuchtbuch, gründete sich bereits 1886 der »Newfoundland Club«.

In diesem englischen Zuchtbuch wurde 1875 »Leo«, ein schwarzer Importrüde von stattlichem Wuchs, nämlich mit einer Schulterhöhe von 76 cm und 60 kg Gewicht, eingetragen. Wir finden dort einen weiteren schwarzen Rüden namens »Ch. Theodore Nero«, der ebenfalls eine Schulterhöhe von 76 cm besaß; auf ihn geht der später nach Deutschland exportierte »Duke of Cumberland« zurück, der im deutschen Zuchtbuch unter Nr. 3 eingetragen wurde. Ein weiterer für die deutsche Zucht wichtiger Rüde, »Ch. Pirate King«, stammt ebenfalls aus England.

»Jenny«, eine aus Neufundland nach England importierte braune Hündin, gilt als Ursprung der Zucht brauner Neufundländer, auch in Deutschland. Sie ist aber auch die Mutter von »Black Prince«, einem berühmten Stammvater der Rasse, der schon voll dem heutigen Typ entsprach. Nachkommen von ihm gingen nach Deutschland (»Lady Ramp«) und Holland (»Black Prinzess«) in die Zucht.

Bemerkenswert ist, dass die englische Zucht bereits auf schwarzen Neufundländern aufbaute, die von großer Statur waren und nicht dem ursprünglichen mittelgroßen Typ des eingeborenen Inselhundes entsprachen.

In Deutschland hatte Max Hartenstein bereits 1883 in seinem Zwinger »Plavia« mit der Zucht von Neufundländern begonnen, in der Schweiz folgten Dr. Künzli und Prof. Heim, die u.a. Direktimporte aus Neufundland einsetzten (»Melanie«, »Fox«, »Türk«). Fox z.B. war nur 60 cm hoch und lag mit seinem dicht gekrausten, schwarzen Haar dem Typ des ursprünglichen Inselhundes erheblich näher als dem heutigen Typ.

Es ist hier nicht der Platz, um einen lückenlosen Verlauf der kontinentalen Neufundländer-Zucht zu dokumentieren. Wichtige Daten sind die Gründung des »Neufundländer Klubs für den Kontinent« im Jahre 1893, dem sich auch die Schweizer Züchter anschlossen, und die Herausgabe des 1. Zuchtbuchs 1898.

Nach dem 1. Weltkrieg, der zu einem deutlichen Rückgang des Zuchtgeschehens führte, musste sich die Zucht im Klub neu orientieren. Neue Züchter und Zwinger traten hervor. Blutauffrischung der dezimierten Bestände war das Gebot der Stunde. In diese Zeit fällt der Auftritt von »Satan«, dem wohl berühmtesten Rüden in der deutschen Zucht. 1923 von dem damaligen Klubvorsitzenden Büchner gekauft, von ungeklärter Herkunft, schwarz, mit einer Schulterhöhe von 62 cm eher zu klein, beeindruckte er die gesamte Fachwelt derart, dass Prof. Heim, dem wir das

1928 erschienene grundlegende, auch heute noch wichtige Werk »Der Neufundländerhund« verdanken, auf der Hundeschau am 16.03.1923 geradezu überschwänglich urteilte: »Satan übertrifft auf den ersten Blick nicht nur alles Anwesende, sondern vielleicht alles bisher in Europa Gesehene ...«

Satan hatte zahlreichen, auch auf Ausstellungen höchst erfolgreichen Nachwuchs (Champions); viele unserer heutigen Neufundländer lassen sich auf ihn zurückführen.

Natürlich war Satan nicht der einzige Importhund jener Zeit. Im Zuchtbuch des Neufundländer-Klubs für den Kontinent finden wir weitere Importe, z. B. aus England, Kanada, Skandinavien und Holland. Heute besteht weltweit ein reger Austausch von Informationen und Zuchtmaterial unter den Züchtern und wir sehen auf den Ausstellungen in Deutschland ebenso Richter, Aussteller und Besucher aus dem Ausland wie umgekehrt Deutsche im Ausland ausstellen und richten.

Zurück zur Zucht in Deutschland: Auch wenn man sich im Neufundländer-Klub für den Kontinent zunächst auf die Zucht schwarzer Neufundländer konzentrierte, so fielen doch dazwischen immer wieder auch Braune. Inwieweit dies auf züchterischer Absicht beruhte, sei dahingestellt. Denn die Farbe Braun wird rezessiv vererbt. Dies bedeutet, dass aus der Paarung eines reinerbig schwarzen mit einem reinerbig braunen Hund nur Schwarze hervorgehen können, die dann allerdings mischerbig sind und neben Schwarzen auch Braune hervorbringen können, sofern der Partner das braune Farbgen trägt. Mit anderen Worten: Einem schwarzen Neufundländer ist nicht anzusehen, ob er die braune Farbe vererbt oder nicht. Wie schon erwähnt, war die von der braunen, nach England importierten Neufundländer-Hündin »Jenny« stammende schwarze »Lady Ramp« nach Deutschland exportiert worden (zwischen 1885 und 1890 von Hartenstein) und hatte das braune Farbgen mitgebracht, ebenso wie der Rüde »Nelson«, der ebenfalls auf »Jenny« zurückgeht.

DIE BRAUNEN ▸ Von einer planmäßigen, zielgerichteten Zucht brauner Neufundländer im Klub kann man jedoch erst nach dem 2. Weltkrieg sprechen. Im DNK, so der neue Name des Klubs, akzeptierte man jedenfalls ab 1950 die Zucht Brauner. Die Elterntiere wurden aus Holland importiert, das im Gegensatz zur deutsch-schweizerischen Praxis, braune Neufundländer auszumerzen, bis dahin auch Braune gezüchtet hatte. Zwinger, die sich auf die Zucht der Braunen verlegten, blieben jedoch vereinzelt, sorgten allerdings für eine weitere Streuung des braunen Farbgens unter die Schwarzen. Seit Mitte der 70er-Jahre aber hat die Zucht brauner Neufundländer im DNK einen starken Aufschwung genommen. Sie bereichern das Bild der Ausstellungen und tauchen auch immer häufiger in den Siegerlisten auf.

Wer den Neufundländer etwas kräftiger im Knochenbau, etwas wuchtiger in der Erscheinung, kurz: etwas bärenhafter bevorzugt, wird einen Braunen wählen anstelle des eleganteren, vielleicht auch etwas beweglicheren Schwarzen.

Von der Zucht weiß-schwarzer Neufundländer habe ich schon berichtet. Anzumerken wäre noch, dass mit der

Aufteilung in die Rassen Neufundländer und Landseer ECT und der Gründung eines eigenen Landseer-Klubs plötzlich und unvorbereitet der Zucht weiß-schwarzer Neufundländer im DNK die Grundlage entzogen war. Sie musste über den Import geeigneter Tiere aus dem Ausland erst wieder aufgebaut werden. Dies geschah und geschieht mit zunehmendem Erfolg.

Auch der Weiß-Schwarze – so viel lässt sich heute sagen – hat mittlerweile seine Freunde und seinen festen Platz im deutschen Zuchtgeschehen gefunden.

▸ Entscheidung für ein ganzes Hundeleben

Wer sich für den Erwerb eines Neufundländers entscheidet, trifft eine Entscheidung für das Leben. Jedenfalls für das Leben seines neuen Hausgenossen, für den seine Menschenfamilie fortan im Mittelpunkt steht, für die er bedingungslos da ist und die er notfalls unter Einsatz des eigenen Lebens verteidigen wird.

Dafür erwartet er von seiner Familie, insbesondere von seinem Herrn (oder Herrin), dem Rudelführer, sozusagen als Gegenleistung Liebe und Verständnis, vor allem aber Zuwendung. Einen Neufundländer kauft man nicht auf Probe oder zu vorübergehender Verwendung, er wird nicht Teil des häuslichen Inventars wie ein Möbelstück oder ein Zierstück für den Garten.

BEDÜRFNISSE ▸ Dies bedeutet, dass er in die Familie aufgenommen werden muss, dass er erzogen wird und seinen Platz zugewiesen bekommt. Er muss und er wird schnell lernen, sich im Haus und um das Haus herum zu bewegen, mit Besuchern umzugehen und auf Spaziergängen ein folgsamer Begleiter zu sein, statt Alleingänge zu unternehmen oder aber das andere Ende der Leine hinter sich herzuschleifen, egal wer gerade daran hängt.

Selbstverständlich braucht der Neufundländer Platz, macht Schmutz, hat Eigenarten, muss gefüttert und gepflegt werden. Man kann ihn nicht überall mit hinnehmen, muss die Urlaubspläne auf ihn abstimmen und auch sonst auf ihn Rücksicht nehmen. Dies alles muss man wollen, um seiner selbst, um seines treuen und sensiblen Wesens wegen; es würde nicht reichen, wenn man meint, ihm Zeit opfern zu müssen, und sich mit ihm, wie nur eben notwendig, beschäftigt, ohne mit dem Herzen dabei zu sein.

Einen Neufundländer darf man nicht im Zwinger halten. Ihm würde die Nähe zu seiner Familie, die unmittelbare Teilnahme am Familienleben fehlen. Da seinem Wesen jede Hektik und Aufgeregtheit fremd sind, genügt es ihm meistens, von seinem Platz im Haus aus alles zu beobachten. Ein Wink, ein Zeichen der Zuwendung von seinem Herrn, von seiner Familie – und sofort wird er reagieren. Er ist bereit und aufgrund seines Wesens und seiner Intelligenz auch besonders befähigt, sich der Familie und ihrem häuslichen Tagesablauf anzupassen. Allerdings sucht er von selbst gern auch einen Platz außerhalb des Hauses, frische Luft eben und all die Informationen, die ihm die Luft dort zuträgt, Gerüche, Geräusche, alles, was eine Hundeseele so bewegt. Man sollte ihm deshalb auch außerhalb des Hauses einen Platz reservieren. Es muss keine Hütte sein; ein Korb oder eine Decke auf trockenem Grund, möglichst geschützt vor Regen und Nässe, reichen völlig aus.

Dass ein so großer und starker Hund wie der Neufundländer erzogen werden muss, versteht sich von selbst. Dass ihm sein Platz im Rudel, der Menschenfamilie, zugewiesen werden muss, ebenso. Aber: Es wäre ein Irrtum zu glauben, er brauchte eine besonders strenge Hand zur Erziehung. Da er seinen Herrn und seine Familie liebt, wird er gern folgen, um ihnen seine Liebe zu beweisen. Wenn er, gerade als junger Hund, übermütig herumtollt und scheinbar jedes Kommando ignoriert, will er uns nur zeigen, wie gern er mit uns spielen möchte, mit uns, seinen besten Freunden. Welche Enttäuschung für ihn, wenn wir dann wütend und gar noch handgreiflich strafend über ihn herfallen. Seine Erziehung braucht Geduld und Einfühlungsvermögen; dann ist er leicht zu erziehen, ohne allerdings ein dressierter Hund zu werden. Dies ließe sich mit seiner Selbstständigkeit nicht vereinbaren.

BEWEGUNG ▸ Ein Neufundländer geht gern spazieren, auch wenn er von selbst kaum darauf drängen wird. Unsere Hündin Ronja, eine auch für ihre Rasse durchaus beschauliche, jeder überflüssigen Bewegung abgeneigte Natur, die es grundsätzlich ablehnte, mich auf meinen regelmäßigen Dauerläufen zu begleiten, hat uns z. B. niemals zum Spazierengehen aufgefordert, etwa dadurch, dass sie uns die Leine gebracht oder durch entsprechendes Gebell animiert hätte. Kam die Aufforderung zum Spaziergang jedoch von uns, war sie begeistert dabei und freute sich, ihr weiteres Revier inspizieren zu können.

Nach meinen Erfahrungen mit dem schwarzen Rüden Bob und Ronja ist der Jagdtrieb bei Neufundländern nicht sehr entwickelt. Rehe z. B., die oft bei uns auf einer großen Wiese hinter dem Haus stehen oder uns beim Spazierengehen begegnen, haben bei beiden kaum Interesse und schon gar keine Verfolgung ausgelöst. Ob dies für alle Neufundländer gilt, mag dahinstehen. Jedenfalls erwirbt man mit einem Neufundländer keinen Jagdhund, der besonders zum Streunen und Wildern neigt, solange er familiengerecht gehalten wird.

WESEN ▸ Anderen Menschen gegenüber hält sich der Neufundländer zurück, ist grundsätzlich freundlich, aber wachsam, sobald die Begegnung im eigenen Revier (Haus) stattfindet. Gegen Briefträger, Zeitungsboten und ähnlich verdächtige Leute, die sich unerlaubt am Haus zu schaffen machen – so jedenfalls die Sicht unserer Ronja –, muss die Familie jedenfalls verteidigt werden: mit großem Gebell und wenn dies nicht reicht – naja, es hat fast immer gereicht.

Damit kein Missverständnis entsteht: Aggressivität ist ein Wesensfehler beim Neufundländer und schließt ihn von der Zucht aus. Ein aggressiver Neufundländer ist eine Ausnahme und bedarf besonderer Aufsicht. Wer allerdings die heute anlässlich der Kampfhundediskussion verbreiteten Beißstatistiken liest, wird beruhigt sein: Neufundländer tauchen dort nicht auf.

Deshalb: Wer einen Neufundländer erwirbt, kann erwarten, dass er einen freundlichen und friedlichen, gelassenen Hund bekommt, dem seine Familie über alles geht.

Ein Neufundländer zieht ein

▸ Haben Sie es sich genau überlegt?

Hand aufs Herz! Wenn Sie Kinder haben, würden Sie eines Ihrer Kinder in ein Heim geben, nur weil Sie seiner überdrüssig sind oder sich Ihre Lebensplanung geändert hat? Nein? Dann sind Sie vielleicht auch geeignet, einen Neufundländer in Ihr Heim zu nehmen. Gerade der sensible Neufundländer ist ein Hund, der ein Mitglied des Familienrudels sein möchte, – ja muss, um sich charakterlich voll entfalten zu können. Er sucht und braucht Menschen, die zu ihm halten – bis an sein Lebensende.

Über 100.000 Hunde werden jährlich zu Waisen und in deutschen Tierheimen abgegeben. Hunde, die als Welpen zu Familien gekommen sind und darauf vertrauten, dass sie als Mitglieder des menschlichen Rudels ein lebenslanges Bleiberecht hätten. Doch dieses Grundvertrauen wurde im übertragenen Sinne mit Füßen getreten. Eine Erfahrung, die das Wesen der Hunde zutiefst beeinflusst. Wenn auch selten, so erleiden doch auch manche Neufundländer dieses traurige Schicksal.

»Drum prüfe, wer sich ewig bindet«, ist ein Spruch, der sich auch auf die Beziehung zwischen Mensch und Neufundländer übertragen lässt. Bitte überlegen Sie genau, ob Sie einem Hund, einem Neufundländer, das Umfeld bieten können, in dem er glücklich wird. Denken Sie daran, dass er Ihnen voll und ganz vertraut, bei allen Entscheidungen die Sie »für« und vielleicht auch »gegen« ihn treffen.

Einen Hund in die Familie aufzunehmen – besonders wenn es sich um eine große Rasse wie den Neufundländer handelt – bedeutet neben viel Freude auch viel Verzicht.

Ein großer Hund wie der Neufundländer ist in der Anschaffung nicht billig. Weitaus teurer ist jedoch der Unterhalt. Für Tierarzt- und Futterkosten sowie Steuer und Versicherung sollten pro Monat schon DM 100,– bis 150,– übrig sein, was sich während eines Neufundländerlebens auf Unterhaltskosten von über DM 10.000,– bzw. rund €5000,– summiert. Da sind noch nicht die Kosten eingerechnet, um Ihren Garten hundegerecht umzugestalten oder ein Auto zu kaufen, in dem der »Bär« auch mitgenommen werden kann.

Kombis und Kleinbusse sind für den Neufundländertransport besonders geeignet. Hohe Ladekanten können für alte »Bären« allerdings schwierig werden.

Der Neufundländer ist kein Etagenhund, sondern braucht Auslauf. Er ist aber auch kein Zwingerhund, weil er wegen seines sensiblen Charakters die Nähe des Menschen braucht. Also sollten Sie möglichst ein Haus mit eingezäuntem Garten haben.

Denken Sie auch daran, dass mit einem Neufundländer Ferien im Süden praktisch tabu sind, da der ehemalige Fischerhund aus Kanada die Hitze nicht verträgt. Auch Reisen in den kühlen Norden, nach Schweden oder Norwegen, sind wegen der komplizierten Quarantänebestimmungen schwierig. Mit anderen Worten: Für die nächsten zehn bis zwölf Jahre fallen für Sie und Ihre Familie bestimmte Urlaubsgebiete aus. Sind Sie bereit dazu?

Denken Sie auch daran, dass Ihr Neufundländer, als größter Hund in der Nachbarschaft, meist für alles verantwortlich gemacht wird, was passiert. Das fängt mit den so genannten »Tretminen« an und hört mit dem Wildern von Kaninchen, Katzen, Hühnern usw. noch lange nicht auf. Vergessen Sie auch nicht, dass für viele Veranstaltungen Hundeverbote und in manchen Bundesländern, wie z.B. Nordrhein-Westfalen, Leinenzwänge gelten.

Vor allem: Sprechen Sie eingehend mit Ihrer Lebenspartnerin oder Ihrem Partner und mit Ihrer Familie über die Entscheidung, sich einen großen Hund wie den Neufundländer ins Haus zu holen. Die Erfahrung zeigt, dass es zu Problemen kommt, wenn ein Teil der Familie generell Angst vor großen Hunden hat oder sich Sorgen macht beim Umgang mit dem zukünftigen »Bären«. Denken Sie daran, was Sie Ihren Kindern für ein Beispiel geben würden, wenn der geliebte Hund wieder weggegeben werden müsste – ähnlich einem Wegwerfartikel.

Und machen Sie nicht den Fehler, zu glauben, mit der Anschaffung eines Neufundländers sei eine Beziehung zu retten. Der Neufundländer wird als Streitobjekt missbraucht und landet dann meist im Tierheim, wie jene bereits erwähnten Hunde.

Also, haben Sie es sich überlegt? Prüfen Sie genau, denn es ist die wichtigste von vielen Entscheidungen, wenn Sie sich einen Neufundländer als Familienmitglied ins Haus holen wollen.

Sie haben sich entschieden? Sie können einem Neufundländer das Umfeld bieten, in dem er leben kann? Dann: Herzlichen Glückwunsch!

▸ Rüde oder Hündin?

Die nächste, meißt heiß diskutierte Frage, die Sie für sich und Ihre Familie klären sollten, ist, ob Sie einem Rüden oder einer Hündin den Vorzug geben wollen. Die Erfahrungen aus vielen

Gesprächen mit Welpenkäufern zeigen, dass häufig die Ehemänner zum Rüden neigen. In der Tat macht ein Rüde mit seiner imposanten Erscheinung mehr her als eine zierlichere Hündin. Dazu wird vielfach argumentiert, dass die Hündin ja zweimal im Jahr läufig wird – mit all den unangenehmen Begleiterscheinungen wie Blutungen und dem Besuch sämtlicher Rüden aus der Nachbarschaft. Allerdings wird dabei übersehen, dass Rüden das ganze Jahr über »läufig« sind und bei den Spaziergängen überall, wo es notwendig ist – und das können die Blumen in Nachbars Garten sein –, entsprechende Duftmarken setzen. Von »Wanderschaften« zur nächsten läufigen Hündin oder nächtlichem Heulen aus Liebeskummer einmal abgesehen.

Wenn Sie bereits Erfahrung mit Hunden – zumal mit großen Rassen – haben, wird die Entscheidung kein Problem sein.

Wir wissen aus Gesprächen mit Neufundländerfreunden, dass die Konstellation Mutter mit Kleinkind oder Kinderwagen unterwegs und an der Leine ein Neufundländer zu Schwierigkeiten führen kann, da ein »Bär« durchaus Kraft entwickeln kann, wenn auf der anderen Straßenseite ein Hund zu sehen ist. Wenn Sie also wenig Hunderfahrung haben, sollten Sie sich für eine Hündin entscheiden, da sie standorttreuer bzw. anschmiegsamer und leichter zu lenken ist. Tatsächlich gibt es einige Neufundländerzüchter, die Hundeneulingen nur eine Hündin verkaufen. Denn obwohl auch der Neufundländerrüde sich durch seinen angenehmen Charakter auszeichnet, ist er nach Rüdenart dominanter.

▸ Welpe oder erwachsener Hund?

Für den erfahrenen Hundebesitzer stellt sich dann eine weitere Frage, nämlich ob es ein Welpe sein soll, der in die Familie aufgenommen wird, oder ein erwachsener Neufundländer – meist handelt es sich dabei um die bereits erwähnten Scheidungswaisen. Erwachsene Neufundländer haben

Früh übt sich. Die Erziehung beginnt im Welpenalter.

durchaus auch ihre Vorteile: Sie sind bereits erzogen (oder auch nicht) und in ihrer Persönlichkeit geprägt. Allerdings sind viele auch in ihrer Seele verletzt, weil sie aus dem Rudel, das sie liebten, »ausgestoßen« wurden. Es bedarf also eines besonderen Einfühlungsvermögens, um das Vertrauen des Hundes zu gewinnen.

Hundeneulinge, für die der Neufundländer wegen seines umgänglichen und familienfreundlichen Charakters ja besonders geeignet ist, sollten sich für einen Welpen entscheiden. Nicht nur um ihn heranwachsen zu sehen, sondern um ihn auch entsprechend zu prägen und zu erziehen.

▸ Wo kaufen?

Den ehemaligen Fischerhund von Neufundland gibt es zwar nicht »wie Sand am Meer«, aber hin und wieder können Sie in Tageszeitungen, mehr noch in Hundezeitschriften, Anzeigen von Züchtern finden, die ihre Welpen anbieten.

Nun, Hunde kann in Deutschland jeder züchten. Das gilt auch für Neufundländer. So finden Sie in den meisten Anzeigen den Hinweis, dass die Tiere mit Papieren (z.B. DNK/VDH) abgegeben werden. Diese Papiere, sprich Ahnentafel, bescheinigen, dass es sich um einen Rassehund handelt, der entsprechend dem Rassestandard gezüchtet wurde. Bei Hunden ohne Papiere haben Sie diese Gewissheit nicht. Allerdings sind Papiere nicht gleich Papiere. Wir wissen aus Gesprächen mit Welpenkäufern, dass man diesem Aspekt häufig zu wenig Beachtung schenkt.

Es gibt in Deutschland verschiedene Neufundländerklubs. Nur zwei davon, der »Deutsche Neufundländer Klub von 1893« (DNK) sowie der »Verein der Neufundländerfreunde Deutschlands« (VND) gehören dem großen »Verband für das Deutsche Hundewesen« (VDH) an. Unter dem Dach dieses Verbandes haben sich die meisten Rassehundeklubs zusammengeschlossen. Der VDH wiederum ist die einzige deutsche Organisation, die der internationalen Hundeorganisation FCI (Fédération Cynologique Internationale) angehört. Die FCI ist nicht nur für die Standards der einzelnen Rassen zuständig, sondern vertritt auch die Interessen der Hundefreunde bei internationalen Organisationen. Dies hat z. B. zu Abkommen zwischen der FCI und dem Europarat geführt, mit der Folge, dass die Hundeverbände in den europäischen Ländern, in Deutschland eben der VDH, ihre Zuchtvorschriften verschärften. Alle Rassehundeklubs im VDH sind gehalten, die als Mindestbestimmungen gehaltenen Zuchtvorschriften umzusetzen.

Mit anderen Worten: Die Papiere aus dem VDH-Bereich sind nicht nur eine Bestätigung, dass es sich um einen Neufundländer handelt, sondern dass er auch den Zuchtbestimmungen entspricht. Für Sie als Käufer ist wichtig zu wissen, dass Neufundländer und »Papiere« von außerhalb des VDH weder von ihm noch von der FCI und übrigens auch nicht von der kanadischen Heimat als Neufundländer anerkannt werden.

Natürlich können Sie sich bei der Suche nach einem Welpen anhand der Zeitungsanzeigen an die jeweiligen Züchter wenden. Aber es ist einfacher, eine aktuelle Welpenliste beim jeweiligen Neufundländerklub anzufordern. Diese Liste ist kostenlos und enthält die

Beim Spielen lernt der Welpe soziales Verhalten.

Würfe und Anschriften der Züchter. Eine weitere Möglichkeit, an die Anschriften zu kommen, ist auch das Internet, unter www.vdh.de oder z. B. auch www.neufundlaender-dnk.de und www.neufundlaender.vnd.de.

Lassen Sie sich von den Neufundländerklubs auch die Termine von Zuchtschauen nennen, die in Ihrer Nähe stattfinden. Denn auf Zuchtschauen können Sie sich einen guten Überblick verschaffen. Dafür sind sie ja schließlich auch da.

Hier treffen Sie nicht nur Neufundländerfreunde, die ihren »Bären« ausstellen, sondern auch viele Züchter, die sich – wie Sie – einen Eindruck über den augenblicklichen Stand der Zucht verschaffen wollen.

Kaufen Sie sich einen Ausstellungskatalog und vermerken Sie sich die Hunde, die Ihnen am besten gefallen. Stellen Sie sich in die Nähe von Diskussionsgruppen und hören Sie einfach zu, wenn es um Vorzüge und Nachteile von einzelnen Hunden geht – und natürlich unterhalten Sie sich mit dem einen oder anderen Hundebesitzer.

▸ Welcher Welpe soll es sein?

Denken Sie daran, Sie wollen einen Neufundländer als Familienmitglied. Sie wollen für die nächsten vielleicht zehn Jahre für diesen Hund die Verantwortung übernehmen. Es handelt sich also nicht um den Kauf einer Waschmaschine oder eines Autos. Lassen Sie sich Zeit und informieren Sie sich umfassend. Besuchen Sie mehrere Ausstellungen. Und auch wenn Sie mit dem Vereinsleben eines Hundeklubs nichts »am Hut« haben, nehmen Sie vielleicht an einer Wanderung teil oder besuchen das Training einer Wasserarbeitsgruppe. Hier erleben Sie viele Hunde »privat« .Wie gesagt, Sie haben alle Zeit der Welt.

Noch ein Hinweis, weil wir es bei »Neueinsteigern« immer beobachten: Haben Sie keine Scheu, Fragen zu stellen. Es gibt keine dummen Fragen, sondern nur dumme Antworten.

DER RICHTIGE ZÜCHTER ▸ Dies gilt besonders für den nächsten Schritt. Denn Sie haben nun bereits eine ungefähre Vorstellung, wie Ihr Neufundlän-

»Wir sind Freunde!«

der aussehen sollte. Vereinbaren Sie Besuchstermine mit verschiedenen Züchtern, von denen Sie wissen, dass dort Welpen gefallen sind oder erwartet werden. Sagen Sie ruhig, dass Sie sich unverbindlich informieren wollen. Keiner der Züchter wird Ihnen böse sein, wenn Sie auch andere Züchter besuchen.

Seien Sie pünktlich oder sagen Sie rechtzeitig ab, denn so wie Sie sich Ihren Welpen aussuchen wollen, hat der Züchter ein Interesse daran, dass sein (noch) kleiner »Bär« ein gutes Zuhause findet. Das zeigt ihm schon ein wenig, ob Sie für seinen Welpen ein zuverlässiger Partner sind.

Nehmen Sie Ihre Kinder mit, doch beachten Sie, dass trächtige Hündinnen oder kleine Welpen kein Spielzeug sind. Andererseits finden Kinder kleine Welpen immer süß – nun ja, sie sind es ja wirklich – und bald kommt dann der Ruf: »Mama, Papa, haben!« Lassen Sie sich davon nicht beirren. Schauen Sie sich die Mutterhündin an. Ist sie so, wie Sie sich einen Neufundländer vorstellen? Leider werden Sie meist den Vater nicht antreffen, denn die Züchter fahren häufig durch halb Deutschland oder sogar ins Ausland, um eine erfolgversprechende Paarung vorzunehmen. Aber in diesem Fall sollte der Züchter Ihnen wenigstens ein Foto mit der Seitenansicht und ein Kopfporträt zeigen können.

Beobachten Sie die Mutterhündin genau. Wie verhält sie sich dem Züchter, Ihnen und Ihren Kindern und natürlich den Welpen gegenüber? Wenn Welpen und Muttertier neugierig und vertrauensvoll sind, ist dies ein gutes Zeichen.

Lassen Sie sich vom Züchter die Vorzüge und Fehler der Mutter und des Vaters erklären und fragen Sie nach dem Zuchtziel. Denn schließlich soll der Züchter ja nicht »vermehren«, sondern die vorhandenen Fehler wegzüchten.

Es ist realistisch, wenn der Züchter Ihnen drei bis fünf Ziele nennt (z. B. Größe, Augenfarbe, Stellung der Hinterhand oder Fruchtbarkeit usw.). Wenn Ihnen ein Züchter einen langen Katalog nennt oder andererseits gar sagt, die Hündin soll einfach mal Welpen bekommen, sollten Sie vom Kauf Abstand nehmen.

Lassen Sie sich die Zuchtunterlagen, wie Ahnentafel und Richterberichte, zeigen und vor allem erklären. Bei ernsthaftem Interesse bitten Sie um eine Kopie, um zu Hause noch einmal in Ruhe darüber nachdenken zu können. Setzen Sie sich nicht unter zeitlichen Druck. Lassen Sie sich auch vom Züchter nicht drängeln.

Neben der Abklärung von Fakten ist der Welpenkauf natürlich auch Vertrauenssache. Es gibt viele Züchter, die Ihnen Referenzadressen nennen können. Ein guter Test ist auch, ob der Züchter bereit ist, Ihnen später auch die Adressen der anderen Welpenkäufer aus dem Wurf zu geben.

Viele Züchter werden Sie übrigens bitten, mit den anderen Welpenkäufern später eine Zuchtschau zu besuchen, da sie für die weitere Zucht am Urteil eines Zuchtrichters interessiert sind. Schlagen Sie diese Bitte nicht ab.

Wie dem auch sei, wichtig ist vor allem, dass der Züchter auch bei späteren Problemen zumindest telefonisch erreichbar ist. Wohnt er in Ihrer Nähe, sollte auch ein Besuch (natürlich nach Anmeldung) möglich sein.

Wundern Sie sich nicht, dass auch der Züchter an genauen Informationen über Ihr familiäres Umfeld interessiert ist. Denn natürlich möchte er nicht, dass es dem Welpen schlecht geht. Lügen Sie ihn nicht an. Viele Züchter machen früher oder später einen »Hausbesuch«, um die Haltungsbedingungen zu prüfen.

DER RICHTIGE WELPE ▸ Sie haben nun mehrere Züchter besucht und sich für einen entschieden. Wenn Sie frühzeitig kommen und der Wurf groß genug ist (im Durchschnitt sechs Welpen), haben Sie eventuell die Möglichkeit zu wählen. Auf den ersten Blick sehen die Welpen allerdings ziemlich gleich aus. Doch schauen Sie genau hin, es gibt große und kleine, dicke und dünne, und auch in den Gesichtern lassen sich schon leichte Unterschiede erkennen.

Im Übrigen sollte der Welpe natürlich vertrauensvoll auf Sie zukommen und nicht verängstigt in der Ecke sitzen. (Was man aber nicht mit dem großen Schlafbedürfnis der Kleinen verwechseln darf.) Im Großen und Ganzen werden die Welpen den Elterntieren ähneln. Nun ja, in dieser Beziehung sind Hunde auch nur Menschen.

Sie haben sich entschieden? Überlegen Sie genau! Gut! Dann herzlichen Glückwunsch zu Ihrem neuen Familienmitglied.

DER KAUFVERTRAG ▸ Schließen Sie nun den Kaufvertrag mit Ihrem Züchter ab. Lesen Sie ihn genau durch, sprechen Sie über Passagen, die Ihnen unklar sind, und schreiben Sie alle mündlichen Vereinbarungen hinein.

▸ Bereiten Sie sich vor!

Jeder Neufundländerbesitzer kennt das Gefühl, die Vorfreude, die Sie jetzt haben. Zwischen der 8. und 10 Lebenswoche kommt der Welpe zu Ihnen nach Hause. Und die Zeit bis dahin geht schnell vorbei. Besuchen Sie Ihren Welpen, sooft es geht. Doch vergessen Sie nicht, dass Sie noch einige Vorbereitungen treffen müssen.

Besuchen Sie Ihre Stadt- oder Gemeindeverwaltung, um sich über die Anmeldung (Hundesteuer) zu informieren. Und schließen Sie eine Hundehaftpflichtversicherung ab, und zwar zum Höchstsatz, da Hunde schwerwiegende Unfälle verursachen können.

Suchen Sie sich einen Tierarzt Ihres Vertrauens. Einen Tierarzt der auch Erfahrungen mit großen Hunden hat. Und sagen Sie ihm, dass Sie ihm demnächst den Welpen vorstellen wollen.

Haben Sie Ihr Grundstück »ausbruchssicher« eingezäunt? Neufundländerwelpen wachsen schnell, und der Maschendrahtzaun sollte schon eine Höhe von wenigstens 1,50 m haben. Zäunen Sie auch Ihr geliebtes Blumenbeet ein. Bringen Sie im Haus alles in Sicherheit, was der Welpe mit Vergnügen anknabbern könnte, z. B. die teuren Schuhe. Versperren Sie Treppen in den Keller oder die 1. Etage, ähnlich wie Sie es bei kleinen Kindern machen, denn der Welpe könnte sich verletzen. Nach Möglichkeit bauen Sie eine kleine Hundetür in Ihre Terrassentür ein, damit der Welpe selbstständig in den Garten kann, um dort sein Geschäft zu verrichten. Ist sichergestellt, dass der Welpe nicht durch Unachtsamkeit auf eine viel befahrene Straße entweichen kann?

Sprechen Sie mit Ihrem Züchter, was Sie alles brauchen, denn in vielen Fällen erhalten Sie von ihm ein Starterset – meist ein verstellbares Halsband, einen Futter- und Wassernapf sowie Futter für die ersten Tage.

Dann sollten Sie sich einen höhenverstellbaren Futterständer anschaffen sowie einen Putztisch, um den noch kleinen »Bären« auch in Zukunft ohne Verrenkungen pflegen zu können. Eine Bürste, ein Spezialkamm für die Unterwolle, eine Schere mit abgerundeten Enden, eine Nagelschere und evtl. eine Zeckenzange – das ist die Mindestausrüstung, die benötigt wird.

Dann fehlt natürlich noch eine kräftige Leine aus geflochtenem Kunststoff, da die Wasserleidenschaft des Neufundländers den üblichen Lederleinen nur ein kurzes Leben beschert.

Ob ein großer Korb als Schlafstätte sinnvoll ist, wird oft bezweifelt. Tatsächlich suchen sich viele Neufundländer früher oder später einen eigenen Platz an einer kühlen Stelle. Bewährt haben sich auch Teppichstücke oder Kokosmatten.

Die Grundausstattung

- [ ] Futter- und Wassernapf
- [ ] Futter, Leckerbissen
- [ ] Halsband und Leine
- [ ] Bürste, Kamm, Schere, Zeckenzange
- [ ] Korb oder Schlafdecke
- [ ] Spielzeug

Den Welpen abholen

Der lang ersehnte Tag ist da. Sie fahren zum Züchter. Und es wird Ihnen sicher genauso ergehen wie vielen anderen frisch gebackenen Welpenkäufern – die Aufregung ist groß, und leicht ist etwas vergessen. Ja, man hört schon nicht mehr genau zu, was der Züchter sagt. Darum schreiben Sie sich genau auf, was Sie noch wissen und fragen wollen.

Fahren Sie nicht allein, denn einer sollte sich während der Heimfahrt um den Welpen kümmern. Nehmen Sie eine Decke oder ein großes Handtuch mit, um den Kleinen während der Fahrt auf den Schoß zu nehmen. Holen Sie ihn so rechtzeitig ab, dass er noch während des Tages sein neues Heim erkunden kann.

Der Züchter hat bereits alles vorbereitet. Sie erhalten nun den Impfpass und eine Kopie des Wurfabnahmeberichtes, den der Zuchtwart des Klubs verfasst hat. Lassen Sie sich eine Kopie der Ahnentafel der Mutter und des Vaters geben, da die Originalahnentafel gemäß Kaufvertrag erst einige Wochen später von der Zuchtbuchstelle ausgefertigt wird. Lassen Sie sich auch Kopien aller Richterberichte der Elterntiere geben. Und so wie Sie die Mutterhündin sicher schon selbst fotografiert haben, bitten Sie um ein Foto des Vatertieres, ebenso um eine Anschriftenliste der anderen Welpenkäufer des Wurfes. Dann haben Sie alle Unterlagen zusammen.

Machen Sie den Abschied kurz, denn dem Züchter wird die Abgabe schwer fallen, und auch die Mutterhündin wird den Verlust bald bemerken.

Nehmen Sie den Welpen während der Fahrt auf den Schoß, denn er ist jetzt ganz allein, von seinen Geschwistern und seiner Mutter getrennt und sucht Schutz. Sprechen Sie während der Fahrt ruhig mit ihm und streicheln Sie ihn. Sollte er unruhig werden, halten Sie an und lassen ihn an der Leine laufen, damit er sich lösen kann. Und loben Sie ihn dabei, denn jetzt beginnt schon die Erziehung.

▸ Die ersten Stunden

Zuhause angekommen bringen Sie den Welpen zuerst in den Garten, damit er sich lösen kann. Nehmen Sie ihn anschließend ins Haus, so kann er seinen neuen Lebensmittelpunkt erkunden. Verhalten Sie sich dabei ruhig und sprechen Sie leise und freundlich mit Ihrem neuen Familienmitglied, denn der kleine Welpe ist aufgeregt genug.

Der Welpe wächst rasch zu einem imposanten Hund heran.

Gewöhnen Sie ihn frühzeitig an die Leine.

Zeigen Sie ihm, wo der Wassernapf steht, und stellen Sie auch ein wenig Futter bereit. Sie werden sehen: Nach kleinen Erkundungstouren durch die Zimmer wird der Welpe immer wieder gern zu Ihnen zurückkommen. Loben und streicheln Sie ihn dafür.

Die ersten Stunden, ja vielleicht auch die ersten Tage, sollte nur Ihre Familie für den Welpen da sein. Lassen Sie Verwandte, Freunde oder Spielkameraden Ihrer Kinder erst einmal außen vor, damit der Welpe sich an Sie gewöhnen kann. Aber Sie sollten den Züchter anrufen und ihm sagen, dass Sie gut angekommen sind.

Auch wenn viele Welpen durch intensives Schnuppern anzeigen, dass sie ihr »Geschäft« erledigen müssen, kann leicht ein Malheur passieren. Schimpfen Sie nicht, sondern machen es mit Haushaltspapier weg und wischen anschließend mit Essig über die Stelle. Das desinfiziert und hält den kleinen »Bären« davon ab, den Platz auch zukünftig zu benutzen.

Der Welpe wird in den ersten Stunden vielleicht weinen, weil er seine Geschwister vermisst. Sprechen Sie dann ruhig mit ihm und streicheln Sie ihn, damit er ein Gefühl von Sicherheit hat.

Bald wird der Kleine übermüdet einschlafen. Er sollte dann auch nicht durch Ihre Kinder gestört werden, die über den neuen Familienzuwachs ja sicher glücklich sind.

Wenn Sie selbst schlafen gehen, nehmen Sie den Welpen an Ihr Bett, damit er sich nicht einsam und verlassen fühlt. Beruhigen Sie ihn, wenn er nachts aufwacht.

Es wird einige Wochen, vielleicht Monate dauern, bis sich der kleine Neufundländer selbst einen Schlafplatz ausgesucht hat, wo er seine Ruhe findet.

▸ Die ersten Tage

Welpen sind in der Regel Frühaufsteher und rumoren häufig schon gegen fünf oder sechs Uhr herum. Bringen Sie Ihren Welpen dann sofort in den Garten, damit er sich lösen kann. Nach einem kleinen Erkundungsgang wird er trinken und fressen wollen. Genießen Sie die anschließende Spielrunde – so lernen Sie Ihren Welpen noch näher kennen.

Bereits am ersten Tag sollten Sie Ihren Liebling dem Tierarzt vorstellen. Nehmen Sie dazu alle Papiere mit. Er wird Ihnen sagen, welche Wurmkuren und Impfungen in der nächsten Zeit notwendig sind. Vor allem wird er prüfen, ob Sie einen gesunden Welpen erhalten haben. Dies ist kein Misstrauen dem Züchter gegenüber, sondern eine selbstverständliche Notwendigkeit. Einige Züchter haben sogar vertraglich den sofortigen Tierarztbesuch vorgeschrieben.

Auch Neufundländer spielen gerne.

Der Tierarzt sagt Ihnen auch, wann der Impfschutz vollständig aufgebaut ist. Denn erst danach sollten Sie mit Ihrem Neufundländer öffentliche Plätze aufsuchen. Leider wird dies häufig nicht beachtet, wodurch Welpen ernsthaft erkranken können.

In den nächsten Tagen wird der kleine »Bär« immer mehr seine nächste Umgebung entdecken und Sie werden feststellen, dass er sein altes Rudel vergessen hat und Ihrer Familie voll vertraut. Nun ist es möglich, auch anderen Personen, wie Freunden, Nachbarn und Verwandten, den Neuzugang vorzustellen.

TIPP

Lassen Sie Ihren Welpen erst dann mit fremden Hunden spielen, wenn sich der Impfschutz voll aufgebaut hat. Fragen Sie dazu Ihren Tierarzt.

Lassen Sie den Hund auf Ihrem umfriedeten Gelände grundsätzlich ohne Halsband laufen. Nur für kurze Zeit sollten Sie es anlegen, damit er sich daran gewöhnt. Es soll für ihn später ein Signal sein, dass Sie mit ihm spazieren gehen.

Denn nun sollten Sie mit ihm die weitere Umgebung erkunden. Nehmen Sie ihn dazu an die Leine und dirigieren Sie ihn dabei nicht zu stark, dann wird der noch kleine Welpe sich schnell daran gewöhnen. Gerade diese ersten Versuche sollten nicht den Kindern überlassen werden, denn die Erfahrung zeigt, dass Kinder nach einiger Zeit ungeduldig werden, wenn der Hund nicht so will wie sie selbst.

TIPP

Im ersten Jahr ist Ihr Neufundländer noch im Wachstum. Er wächst zuerst in die Höhe, dann in die Breite. Es gibt Wachstumsphasen, da sieht Ihr »Bär« einfach unmöglich aus. Die Beine zu lang, die Ohren zu tief und irgendwie passen die ganzen Proportionen nicht zueinander... Keine Angst, er wird sich zu einem schönen Neufundländer entwickeln!

Sie werden auf Ihren Spaziergängen Plätze aufsuchen, die von Hunden frequentiert werden, damit Ihr Welpe neue Bekanntschaften schließen kann. Dies ist für sein späteres Sozialverhalten ganz wichtig. Lassen Sie Ihren »Bären« aber erst dann von der Leine, wenn Sie sich mit dem anderen Hundebesitzer verständigt haben. Tatsächlich gibt es immer wieder Hunde, die wesensmäßig nicht stabil sind und zu Beißereien neigen.

Obwohl der Neufundländer für sein Alter schon recht groß ist, sollten Sie niemals vergessen, dass er sich noch

Noch Fragen?

im Wachstum befindet. Überfordern Sie ihn daher nicht. Mehrere Spaziergänge täglich sind besser als ein langer.

Tja, und nun noch eine Selbstverständlichkeit: Bei den Spaziergängen wird Ihr Neufundländer auch sein »Geschäft« verrichten. Normalerweise sucht sich ein Hund dazu geschützte Plätze, wie hohes Gras. Fehlt diese Möglichkeit, verteilt er seine »Granaten« auf Zierrasen oder sogar auf dem Bürgersteig. Auch wenn Sie glauben, Sie seien unbeobachtet – es gibt immer wieder Menschen die sich – berechtigt – über diese Hinterlassenschaften aufregen. Machen Sie es sich also zur Angewohnheit, die »Haufen« mit einem Taschentuch oder einer Plastiktüte aufzunehmen und am Straßenrand – über einem Gully – zu deponieren, damit sie beim nächsten Regen weggespült werden.
Übrigens ist dies eine gute Gelegenheit, sich den Kot auf etwaige Spulwürmer hin zu betrachten.

Es ist eine gute Idee, den Welpen schon in den ersten Tagen mit Wasser bekannt zu machen, damit er das Element kennen lernt, was für seine Vorfahren auf der kanadischen Atlantikinsel prägend war. Natürlich soll der Welpe noch nicht schwimmen, da sein wuscheliges Welpenfell noch nicht vor dem Wasser schützt (in einem solchen Fall den Welpen unbedingt direkt danach abtrocknen), aber durch das Spielen im Uferbereich wird sein Instinkt geweckt.

TIPP

Verbinden Sie die Spiele am Wasser mit leichten Apportierübungen. Lassen Sie Ihren Liebling kleine Stöckchen aus dem Wasser holen. Und loben Sie ihn bei erfolgreichem Abschluss.

Wenn Probleme auftauchen

Trotz aller Sorgfalt und bei bestem Willen können bei der Haltung, der Gesundheit oder der Erziehung Probleme entstehen, die Sie selbst vielleicht nicht lösen können. Wenn Sie Ihren Hund bei einem zuverlässigen Züchter gekauft und sich einen kompetenten Tierarzt ausgesucht haben, sind Sie nicht allein! Die Erfahrung zeigt, dass viele Welpenkäufer einfach zu wenig fragen oder zu spät zum Tierarzt gehen.

Und noch ein Tipp: Sollten Sie mit Ihrem Züchter – aus welchen Gründen auch immer – nicht zufrieden sein, wenden Sie sich an den zuständigen Neufundländerklub, der vielleicht zu einer Klärung der Probleme beitragen kann.

Gesunde Ernährung

Gesunde Ernährung

▸ Der Futterbedarf

»Es wird gegessen, was auf den Tisch kommt!« Im abgewandelten Sinne gilt dies auch für die Vorfahren unserer Hunde, die Wölfe. Sie können sich nicht aussuchen, was sie fressen wollen, sondern müssen mit dem Vorlieb nehmen, was sie erbeuten. Meist sind dies Kleintiere wie z.B. Mäuse. Bei guter Teamarbeit kann das Rudel auch schon mal Großwild, wie ein Karibu, reißen. Doch das Jagdglück ist ihnen nicht jeden Tag hold.

Da haben es unsere Hunde leichter. Sie werden von uns Menschen versorgt. Früher, als Lagerhunde, bekamen sie das, was vom Tisch abfiel.

Mit der Forschung der modernen Ernährungswissenschaft konnte der Futterbedarf, vor allem die Zusammensetzung ermittelt und optimiert werden. Dabei fand man z. B. heraus, dass kleine Hunde pro Kilogramm Körpergewicht rund doppelt so viel Eiweiß in der Nahrung benötigen wie große. Das zeigt eigentlich schon, dass für den Neufundländer, der ja zu den Riesenrassen gehört, eine besondere Nahrung erforderlich ist.

Vor allem in der Wachstumsphase ist eine ausgewogene Ernährung wichtig, um späteren Skeletterkrankungen vorzubeugen. Fehler, die in diesem Zeitraum gemacht werden, können später dann nicht mehr korrigiert werden.

Wer seinen heranwachsenden Neufundländer zu fett werden lässt, damit er möglichst schnell ein schönes »bäriges« Aussehen bekommt, darf sich nicht wundern, wenn Gelenk- oder Knorpelprobleme auftauchen. Wenn Sie – ohne viel zu drücken – die Rippen des Brustkorbs fühlen können , dürfte Ihr »Bär« das richtige Gewicht haben. Fühlen Sie hingegen keine Rippen, schieben Sie es nicht auf das dichte Fell, denn dann ist Ihr Liebling zu fett. Eindeutig.

Darum sollten Sie sich zuallererst an den Futterplan Ihres Züchters halten. Aber sprechen Sie auch mit Ihrem Tierarzt darüber, der den Futterplan überprüft und gegebenenfalls weitere Tipps geben kann.

▸ Fütterungstipps

So werden Sie erfahren, dass der Welpe bis zu seinem 6. Lebensmonat 3 Mahlzeiten am Tag erhalten soll, danach 2 Mahlzeiten (morgens und abends), um dann mit 1 Jahr nur noch 1 x täglich (abends) gefüttert zu werden. Bleiben Sie möglichst bei den gleichen Fütterungszeiten, damit sich der Organismus daran gewöhnt. Unregelmäßige

Fütterungen können im ungünstigsten Fall schon mal zu Verstopfungen oder Durchfall führen.

Anzahl der Mahlzeiten

Alter	*Mahlzeiten*
bis 6 Monate	3
bis 1 Jahr	2
ab 1 Jahr	1

Füttern Sie Ihren Liebling möglichst immer am gleichen Platz, denn der Hund ist ein Gewohnheitstier. Das Futter sollte nicht kühlschrankkalt und nicht zu warm sein, sondern Zimmertemperatur haben. Und stellen Sie auch immer frisches Wasser bereit. Dabei ist wohl selbstverständlich, dass Futter- und Wassernapf jedes Mal gereinigt werden. Gerade in der Sommerzeit sollte schon aus hygienischen Gründen übrig gebliebenes Futter sofort weggeräumt werden. Das Futter kann nicht nur schnell verderben, sondern lockt auch Fliegenschwärme an.

Futterbestandteile

Egal ob Sie ein handelsübliches Fertigfutter verwenden oder das Fressen für Ihren Hund selbst zubereiten – die Ernährungswissenschaftler haben herausgefunden, dass das Futter einige wesentliche Substanzen enthalten muss. Das sind Eiweiß, Kohlehydrate, Fett, Vitamine, Mineralstoffe und Spurenelemente. Dabei ist jedoch die Zusammensetzung wichtig.

So führt ein Mangel an Proteinen zu Infektionsanfälligkeit, ein Zuviel zu Hauterkrankungen oder Kalziummangel und damit wieder zu Skelettproblemen

Zu viele Kohlehydrate haben eine Verfettung zur Folge. Und die richtige Kombination von Mineralstoffen ist in der Wachstumsphase besonders wichtig. So sollten Kalzium und Phosphor in einem Verhältnis von ungefähr 1,5 : 1 stehen, um Problemen beim Knochenwachstum vorzubeugen. Selbst Kochsalz, das die eingeborenen Neufundländer auf ihrer Heimatinsel ja automatisch mit dem Futter aufnahmen, ist für einen ausgewogenen Wasserhaushalt des Hundekörpers notwendig.

Auch die Vitamine übernehmen beim Hund wichtige Funktionen. So schützt das Vitamin A vor Infektionen und fördert das Sehvermögen. Ein Zuviel führt jedoch zur Knochenverkalkung, im Extremfall auch zur Vergiftung. Ohne Vitamin D tritt beim Hund Rachitis auf, während eine Überdosierung eine Gefäßverkalkung zur Folge hat. Und während Vitamin E zahlreiche Aufgaben wie den Kapillarschutz hat, wird das Vitamin K für eine normale Blutgerinnung benötigt.

TIPP

Lassen Sie den Hund nach dem Fressen ruhen. Dies entspricht dem Wolfsverhalten in der freien Wildbahn, wo nach einem kurzen Spiel die verdauungsfördernde »Siesta« gehalten wird. Ruhen nach dem Fressen beugt auch der gefürchteten Magendrehung vor.

Übrigens, Vitamin K, Vitamin C und ein Teil der B-Vitamine kann der Hund in seinem Körper selbst herstellen.

Wer für seinen Neufundländer das Futter selbst zusammenstellt, muss wissen, dass durch Wässerung und Kochen

Gutes Futter ist notwendig, damit der Welpe zu einem prachtvollen »Bären« heranwächst.

ein Teil der Vitamine zerstört werden.

Wie bei uns Menschen auch, ist beim Hund die Versorgung mit Spurenelementen wichtig. So führt beispielsweise ein Mangel an Natrium zu trockener und unelastischer Haut. Auch die Unterversorgung mit Jod und Zink zeigt Symptome auf der Haut und dem Fell. Jodmangel verursacht eine geringere Bildung von Schilddrüsenhormonen, wodurch Ödeme in der Haut mit anschließender Haarlosigkeit entstehen.

Haarausfall kann auch ein Zeichen von Zinkmangel sein. Zinkmangel kann durch eine Überdosierung von Kalzium verursacht werden.

Selbst zubereitetes Futter

Es gibt viele Neufundländerfreunde, die das Futter noch selbst zusammenstellen. Wichtig ist dabei, dass es nicht mehr als etwa 20 % Protein enthält und auch das Kalzium-Phosphor-Verhältnis stimmt. Dies bedeutet, dass in der Praxis die Hälfte der täglichen Futterration aus Frischfleisch vom Rind besteht. Dies sollte Muskelfleisch und grüner Pansen oder auch Blättermagen sein.

Die andere Hälfte besteht aus Gemüse und Obst, wie gekochte Möhren und Kartoffeln, Haferflocken oder Bioflocken, grüner Salat (ungespritzt), Bananen, Äpfel. Auch geraspelte rohe Kohlrabi, Sellerie oder Paprika können gegeben werden.

Eine Prise Salz, 1–2 Esslöffel Salatöl, etwas Bierhefe vervollständigen die Futterration. 1–2 mal pro Woche fügen Sie dem Fressen auch jeweils ein gekochtes Ei hinzu. Wichtig ist, dass kein rohes Eiklar verfüttert wird, weil hierin ein besonderes Eiweiß (Avidin) enthalten ist, das die Aufnahme des Vitamins Biotin verhindert. Das dem Futter beigefügte Salatöl dient unter anderem dazu, die fettlöslichen Vitamine verfügbar zu machen.

TIPP

Wenn Sie Ihren Neufundländer selbst mit frisch zubereitetem Futter ernähren wollen, sollten Sie unbedingt die einschlägige Fachliteratur studieren und sich auch mit Ihrem Tierarzt abstimmen. Er verfügt über entsprechende Tabellen, um die genaue Zusammensetzung des Futters berechnen zu können. Dies gilt vor allem für die richtige Dosis der Kalziumzugabe.

Gelegentlich kann das Rindfleisch durch Fisch ersetzt werden. Dann sollte es allerdings Seefisch sein, der zuvor gekocht wurde, um evtl. Fadenwürmer abzutöten.

Natürlich können auch andere Fleischsorten, wie z.B. Lammfleisch oder Geflügel, verwendet werden.

Lediglich von rohem Schweinefleisch muss dringend abgeraten werden, da hier die für den Menschen ungefährliche, für den Hund aber tödliche Aujetzkysche Krankheit – auch Pseudo-Wut genannt – übertragen werden kann. Doch auch gekochtes wie gebratenes Schweinefleisch sollte durchaus skeptisch betrachtet werden, da einige Hunde mit Allergien (Hautekzemen) reagieren.

Um das ungünstige Kalzium-Phosphor-Verhältnis auszugleichen, ist darüber hinaus zusätzlich die Gabe von Kalziumkarbonat notwendig. Doch Vorsicht: Auch Überdosierungen können schwerwiegende Probleme hervorrufen.

▸ Fertigfutter

Einfacher haben Sie es mit industriell gefertigtem Futter. In den Regalen des Zoofachhandels finden Sie heute ein umfangreiches Sortiment für jeden Geschmack und jeden Bedarf. Hundefutter unterscheiden sich nicht nur in der Form (Dosenfutter und Trockenfutter), sondern auch nach Einsatzzweck und Hundegröße.

So gibt es spezielle Futtermittel für kleine und große Hunde, für Tiere im Leistungssport, für heranwachsende oder alte Hunde und auch für kranke Vierbeiner.

Markenfutter erfüllen alle Anforderungen an eine ausgewogene Hundeernährung. Daran sind nicht nur die Futtermittelfirmen interessiert, weil sie zufriedene Kunden wollen. Dies haben auch Untersuchungen ergeben. Bei Billigfuttern kann es hingegen sein, dass Futteraustauscher wie z. B. Soja eingesetzt werden. Und da für die Konservierung von Trockenfuttern Antioxidantien

Die richtige Ernährunge machts: ein prachtvoller Rüde, hier in Standardposition.

verwendet werden, kann es sein, dass Hunde auf das eine oder andere Futter allergisch reagieren. In solchen Fällen sollten Sie das Futter wechseln.

Natürlich können Sie Ihren Hund allein mit Dosenfutter ernähren, aber das ist einerseits eine kostspielige Angelegenheit, und andererseits zeigt die Erfahrung, dass Hunde darauf mit einem dünnen Stuhlgang reagieren können. Verwenden Sie in solchen Fällen Kombinationsfutter (Dosenfutter und dazugehörige Flocken) in der vorgeschriebenen Mischung.

Wie bereits erwähnt, gibt es Fertigfutter für verschiedene Zwecke. Für heranwachsende Neufundländer sollten Sie ein spezielles Aufbaufutter verwenden, das einen Proteingehalt von etwa 22 % hat. Es gibt Hersteller, die Welpen- und Junghundfutter mit einem wesentlich höheren Proteingehalt anbieten (bis zu 36 %). In diesen Fällen müssen Sie sich unbedingt an die auf der Verpackung angegebene Futteranweisung halten. Der Welpe darf auf keinen Fall mehr erhalten, um Wachstumsproblemen vorzubeugen. Auch Leckereien zwischendurch sind dann absolut tabu. Selbst wenn Ihr junger Neufundländer Sie mit dem berühmt traurigen Blick »Eine kleine Spende für die Hungrigen dieser Welt – oder wenigstens für ihre hündischen Vertreter« anschaut ...

Mit dem ersten Lebensjahr sollten Sie auf Erwachsenenfutter umstellen, das einen Proteingehalt von etwa 20 % und einen Rohfettanteil von rund 13 % hat. Passen Sie dabei die Futtermenge den Bedürfnissen des Hundes an. Ein Neufundländer, der täglich Wasserarbeit trainiert, braucht eben mehr als ein »Bär«, der sich während des Tages lediglich im Garten vergnügt. Überflüssige Pfunde sind schnell angefressen. Sie wieder loszuwerden, dauert viel, viel länger. Darin unterscheiden sich die Neufundländer nicht von uns Menschen.

Wer mit seinem ausgewachsenen »Bären« spazieren geht, wird von Passanten oft die Feststellung hören: Der muss aber viel fressen! Dieser Meinung hängen leider auch einige wohlmeinende Neufundländerbesitzer an, obwohl der ehemalige Fischerhund eigentlich ein genügsamer Fresser ist. Als Folge sind viele dieser Hunde zu dick. Auf das Problem ist in diesem Buch schon mehrfach eingegangen worden. Aber weil es allein in der Hand des Hundebesitzers liegt, den Neufundländer krank zu füttern, sei nochmals darauf hingewiesen.

TIPP

Wenn Sie zwischen den Hundemahlzeiten Leckerlis geben, berücksichtigen Sie diese bitte bei der Kalorienmenge. Dann brauchen Sie sich später auch nicht zu fragen, warum Ihr Hund so fett geworden ist.

Betteln verboten!

Wie bereits beschrieben, sollten Sie Ihren Neufundländer daran gewöhnen, dass er sein Futter zu einer bestimmten Zeit und an einem bestimmten Platz bekommt. Machen Sie nicht den Fehler, den viele Hundebesitzer machen, und geben Sie Ihrem Liebling – weil er ja so treuherzig guckt – Essensreste vom Tisch oder teilen sich mit ihm irgendwelches Knabbergebäck während der Fernsehstunde. Einmal damit angefangen, haben Sie bereits verloren.

Es ist wirklich erstaunlich, dass tief schlafende Neufundländer vom Knistern der Chipstüte oder dem Klappern der Keksdose sofort aufwachen und sich schnurstracks »in Position« bringen können. Jeder Griff zum Keks wird nun genauestens beobachtet und jeder Biss in den Kuchen mit gierigen Blicken verfolgt. Dies mag im engen Familienkreis ja noch zu ertragen sein. Es ist aber schon peinlich, wenn der Gast an der Kaffeetafel vom Hund vollgesabbert wird, dem angesichts der vielen Leckereien einfach das Wasser im Mund zusammenläuft.

Manche Neufundländer sind so raffiniert, dass sie in einem unbeobachteten Moment den Kuchen oder die Wurst vom Tisch klauen – was bei ihrer Größe ja auch kein Problem ist.

▸ Was darf man nicht füttern?

Schokolade ist für den Hund tabu, da sie in größeren Mengen giftig ist.

Die allseits beliebten getrockneten Schweineohren sollten Sie wegen der Gefahr der Übertragung der Aujetzkyschen Krankheit nicht geben, wenn nicht gewährleistet ist, dass sie ausreichend erhitzt wurden. Geben Sie stattdessen Büffelhautknochen oder weiche Knorpelteile vom Rind oder Kalb. Dicke Markknochen sind ungeeignet, da sie die Zähne schädigen können. Auch Röhrenknochen von Geflügel sollten Sie nicht verfüttern, da sie splittern und im Körper des Hundes Verletzungen verursachen können.

Neufundländer werden gern verhätschelt, aber Kuchen ist nicht die geeignete Nahrung. Karies, Zahnstein und Parodontose sind die Folge.

Neufundländer haben manchmal seltsame Anwandlungen. Sie wälzen sich nicht nur in Kot, Mist oder Aas – sie fressen es auch. Da wir nicht wissen, womit diese Dinge behaftet sind, sollten Sie ein solches Vorhaben Ihres Hundes unterbinden. Es könnte ja durchaus sein, dass irgendein böser Mensch einen vergifteten Köder ausgelegt hat.

Es gibt auch Neufundländer, die sich als erfolgreiche Mäusejäger betätigen. Sollte irgendwo in Ihrer Nähe Rattengift verwendet werden, ist klar, dass dem Hundevergnügen sofort Einhalt geboten werden muss.

Es gibt manche Hunde, die sich Vorräte anlegen, indem sie einen Teil ihres Futters irgendwo im Garten vergraben. Dies geschieht vor allem mit Frischfleisch, das in größeren Stücken angeboten wird (damit der Liebling mal was zum Kauen hat). Wundern Sie sich also nicht, wenn Ihr Hund sich »zwischendurch« an einem stinkenden Stück Fleisch gütlich tut.

Ausgewogene Ernährung und ausreichende Bewegung sind das Geheimnis eines gesunden Hundes.

Richtige Pflege

▸ Die Fellpflege

»Der braucht aber viel Pflege!« Diesen Kommentar werden Sie immer wieder einmal von Passanten hören, wenn Sie mit Ihrem Neufundländer spazieren gehen. Nun, da ist schon etwas Wahres dran, denn der Neufundländer kann seine Herkunft als Hund aus subarktischen Breiten nicht verleugnen.

Sein langes Fell mit der dichten Unterwolle schützte ihn in seiner Heimat vor den kalten Wassern des Atlantiks und war absolut notwendig, um als Schlittenhund in den kanadischen Wintern überleben zu können. Der Neufundländer ist neben den Polarhunden die einzige Hunderasse, die über eine solch starke Unterwolle verfügt.

Dieses dichte Fell, welches dem Neufundländer ja sein typisches bärenhaftes Aussehen verleiht, bedarf ganz gewiss einer besonderen Aufmerksamkeit. Allerdings ist die Pflege nicht so intensiv wie bei Hunderassen, die ständig getrimmt werden müssen.

In der meisten Zeit des Jahres ist es mit einfachem Bürsten getan, um einzelne lose Haare aus dem Fell zu entfernen. Dazu reicht es in der Regel, den Neufundländer jede Woche oder alle 14 Tage einmal zu bürsten und zu kämmen.

Zweimal im Jahr sind allerdings »Großkampfwochen« angesagt – nämlich in der Zeit des Fellwechsels. Dann wird die Unterwolle und manchmal auch ein Teil des Deckhaares abgeworfen. Verbleiben diese toten Haare im Fell, führen sie unweigerlich zu Verfilzungen. Da der Haarwechsel nach und nach einsetzt, regieren für ca. zwei Wochen Kamm und Bürste das Leben des Neufundländerfreundes. Man ist dabei immer wieder erstaunt, wenn die herausgekämmte Unterwolle mehrere Plastiktüten füllt.

TIPP

Es ist kaum zu glauben, aber manche Neufundländer lieben es, mit dem Staubsauger abgesaugt zu werden. Man sieht ihnen regelrecht an, dass sie es genießen, wenn das Fell durchgelüftet wird. Vielleicht können auch Sie Ihren Liebling daran gewöhnen. Es erleichtert die Fellpflege ungemein und entfernt losen Schmutz.

Wenn man vom Schneiden der Pfotenhaare und langer Ohrfransen einmal absieht, besteht die ganze Arbeit nur aus Kämmen und Bürsten. Lockenwickler, Spray, Puder oder sonstige Dinge werden also nicht benötigt. Allerdings braucht die Fellpflege ihre Zeit, denn der Neufundländer ist ja ein »Bär von einem Hund«, und bis man ganz »herum« ist, braucht es schon eine halbe Stunde. Wer allerdings die regelmäßige Pflege versäumt, wird mit Zusatzarbeiten wie dem Herausschneiden von Kletten bestraft.

Regelmäßiges Kämmen und Bürsten dient nicht nur der Schönheit, sondern auch der Gesundheit.

Die Fellpflege kann man sich wirklich erleichtern, wenn der Neufundländer bereits im Welpenalter daran gewöhnt wird, auf einem Putztisch stehen zu bleiben. Bei einer Tischhöhe von ca. 60 cm lässt sich der »Bär« wunderbar bürsten, ohne dass man als Hundehalter abenteuerliche Verrenkungen machen muss. Tatsächlich sind viele Pflegeprobleme darauf zurückzuführen, dass man den »Bären« nicht daran gewöhnt hat, stillzuhalten. Sich bei der Fellpflege mit dem Neufundländer am Boden zu wälzen ist für den Betrachter sicher lustig, für den menschlichen Akteur aber frustrierend.

WIE KÄMME ICH RICHTIG? ▶
Wenn der »Bär« auf dem Tisch steht, kämmen Sie ihn erst einmal oberflächlich durch. Dann beginnen Sie mit dem Bürsten, indem Sie sich von unten nach oben stückweise durch das Fell arbeiten. Bürsten Sie dabei mit dem Strich. Wo man anfängt, ist eigentlich egal. Manche beginnen bei den Vorderläufen und der Brust, andere an einer Hinterhand und arbeiten sich so um den ganzen Hund herum. Zum Schluss kommen meist der Kopf und die Rute.

Während des Fellwechsels wird der Neufundländer allerdings zuerst mit dem Kamm – in der beschriebenen Reihenfolge – durchgestriegelt, um die sich nun büschelweise lösende Unterwolle zu entfernen. Unkundige machen dabei manchmal den Fehler, die Rute ebenso kräftig zu striegeln, was nur das langsam wachsende Deckhaar ausreißt – mit dem Ergebnis, dass der Neufundländer für mehrere Wochen mit einem »Rattenschwanz« herumlaufen muss.

Ein Putztisch erleichtert die Arbeit ungemein.

Sie werden feststellen, dass nach dem Bürsten das Fell glänzt, denn mit dem toten Haar sind auch Fremdkörper wie Grassamen und Schuppen entfernt worden.

Übermäßige Pflege zerstört allerdings jene wärmeisolierende Fellstruktur, die der Neufundländer braucht, um sich lange im Wasser aufhalten zu können. Aber bedenken Sie: Diese Fellstruktur bildet sich beim Neufundländer erst nach 2–3 Jahren. Auch nach dem Abwerfen des Welpenfells im Alter von ca. 6 Monaten braucht der Neufundländer mehrere Haarwechsel, um in seinen »Pelz« hineinzuwachsen.

OHREN UND PFOTEN ▸ Sie werden feststellen, dass einige lange Deckhaare als Fransen abstehen, besonders an bzw. auf den Ohren. Schneiden Sie diese mit einer Schere ab (Profis nehmen eine Effilierschere). Gerade bei Rüden kommt nur so der Kopf richtig zur Geltung, denn lange Fransen geben ihm ein feminines Aussehen.

Und schneiden Sie auch die Haare an den Pfoten. Sowohl zwischen den Zehen als auch auf der Unterseite zwischen den Ballen. Dies ist keine Schönheitsmaßnahme, sondern pure Notwendigkeit, weil sich hier Dreckklumpen bilden können, die den Hund beim Laufen behindern. Was damit gemeint ist, werden Sie spätestens im Winter feststellen, wenn sich bei einem Spaziergang im Schnee zwischen den Ballen Eisklumpen bilden, die der Hund sich mühsam wegbeißen muss.

TIPP

Als Mitglied Ihrer Familie wird sich der Neufundländer sicher auch in Ihrem Wohnzimmer aufhalten. Gerade während des Fellwechsels sind die Haare auf dem Teppich nicht zu übersehen. Eine Reinigung mit dem Staubsauger gelingt nur unvollkommen, da sich die Haare mit den Teppichfasern verhaken. Eine gute Lösung ist, wenn Sie mit einem feuchten Tuch oder einer Kleiderbürste den Teppich abbürsten, die Haare zu kleinen Haufen zusammenfegen und dann entfernen. Auch eine Bürste, wie sie für die Fellpflege verwendet wird, entfernt alle Haare aus dem Teppich – was allerdings ähnlich mühsam ist.

SOLL EIN WASSERHUND GEBADET WERDEN? ▸ Die Frage klingt so, als wolle man Eskimos Kühlschränke verkaufen. Aber in der Tat kann es Situationen geben, in denen man den Neufundländer gründlich baden muss. Der bekannteste Fall ist, wenn er sich in Mist oder Aas gesuhlt hat. Da hilft kein Raumspray mehr. Ein anderer Fall tritt manchmal beim Haarwechsel auf,

Auch Neufundländer wälzen sich gern einmal (und manchmal im Dreck).

wenn übermäßig Talg produziert wird und das Fell wie mit einem weißen Puder überzogen ist.

Am besten verlegen Sie die Duschaktion in den Garten. Sie benötigen eine Hilfsperson, da unsere Wasserhunde dieses »Prozedere« eigentlich nicht so sehr lieben. Bewährt hat sich ein Gartenschlauch, der an eine Mischbatterie angeschlossen wird, um lauwarmes Wasser verwenden zu können. Spritzen Sie nun mit einem sanften Strahl den Rücken des Tieres ab. Sie werden dabei feststellen, dass fast das ganze Wasser abperlt. Mit einem Klecks Shampoo entspannen Sie das Wasser und es kann in die Unterwolle eindringen. Machen Sie so nach und nach das gesamte Fell nass. Dann shampoonieren Sie gründlich. Spülen Sie nun kräftig durch, um den Dreck herauszuwaschen. In einem zweiten Waschgang nehmen Sie ein rückfettendes Hundeshampoo, um dem Haar so einen Teil des notwendigen Fettschutzes wiederzugeben. Manche Neufundländerfreunde verwenden zusätzliche Präparate, um den Fettanteil zu erhöhen. Trotzdem braucht der Hund ein bis zwei Wochen, um die isolierende Fellstruktur wieder aufzubauen. Von Nerzöl sollte Abstand genommen werden, weil es das Fell weich macht.

Nach dem gründlichen Durchspülen frottieren Sie das Fell, bis es sich nur noch feucht anfühlt. Anschließend lassen Sie den Hund an einem zugfreien, warmen Ort ruhen. Denn es braucht Stunden, bis das Fell völlig durchgetrocknet ist.

Der Pflege-Check-up

Die wöchentliche Fellpflege ist eine gute Gelegenheit für einen kurzen Check-up.

Prüfen Sie die Augen: Ist die Bindehaut entzündet? Entfernen Sie angetrocknete Tränenflüssigkeit aus den Augenwinkeln.

Als Nächstes kontrollieren Sie die Ohren. Wischen Sie die äußeren Gehörgänge mit einem Lappen aus. Riechen die Ohren oder sehen Sie einen braunen Belag (Milben?), ist ein Besuch beim Tierarzt fällig.

Prüfen Sie das Gebiss Ihres Lieblings. Bei Zahnstein, Entzündungen und Geruch aus dem Rachen konsultieren Sie Ihren Tierarzt.

Wenden Sie sich als Nächstes den Pfoten zu. Wenn Sie genügend mit Ihrem »Bären« spazieren gehen, dürften lange Krallen, die den Hund behindern, kein Problem sein. Trotzdem sollten Sie sich von Ihrem Züchter oder Tierarzt zeigen lassen, wie man sie kürzt. Denn die Afterkralle an den Vorderläufen kann im Laufe der Zeit sehr lang werden, was zu Verletzungen führt, wenn der Hund irgendwo hängen bleibt.

Kontrollieren Sie die Ballen auf eingetretene Fremdkörper und Schnitte oder Risse. Schauen Sie vor allem zwischen die Ballen. Ist die Haut dort gerötet und dazu vielleicht nass, kann es sich um einen Fußpilz handeln und ein Besuch beim Tierarzt ist notwendig.

TIPP

Es ist gut, beim Spaziergang immer eine kleine Flasche Wundspray dabeizuhaben, um Verletzungen schnell versorgen zu können.

So einfach, wie sich die Pflege gestaltet, so wenig brauchen Sie an Handwerkszeug: eine Bürste (feine Drahtbürste mit abgeknickten Borsten), einen Striegelkamm, eine Schere mit abgerundeten Spitzen. Es gibt verschiedene Ausführungen. Lassen Sie sich von Ihrem Züchter beraten.

Zur Körperpflege gehört auch die Kontrolle von Ohren und Gebiß.

Trimmen und stylen

Nein, als Besitzer eines Neufundländers »für den Hausgebrauch« brauchen Sie keinen Gedanken an Trimmen und Stylen zu verschwenden. Da reichen die beschriebenen Pflegemaßnahmen vollkommen aus.

Wollen Sie Ihren »Bären« jedoch auf einer Hundeausstellung oder einer Zuchtschau präsentieren, müssen Sie ihn »zurechtmachen«. Schließlich handelt es sich dabei um Schönheitsschauen, bei denen der Neufundländer dem im Rassestandard beschriebenen Typ möglichst nahe kommen soll.

Wenn auch auf solchen Veranstaltungen der Einsatz von Puder und Schleifchen beim Neufundländer absolut lächerlich wäre, so ist doch hier und da ein Trimmen des Fells durchaus notwendig, um die positiven Seiten des Hundes voll zur Geltung bringen zu können.

Der unbedarfte Zuschauer mag über manche Trimmaktionen der Aussteller den Kopf schütteln, weil es hin und wieder – ja, sagen wir es mal – durchaus albern wirkt. Doch beobachten Sie einmal genau und vergleichen Sie.

Wirkt ein Rüde mit langen Ohrenfransen nicht doch ein wenig feminin? Eine überlange Brustbehaarung lässt den Hund nicht nur schmaler erscheinen, sondern die Beine wirken auch kürzer.

Und hat es nicht den Anschein, dass durch die langen Pfotenhaare der Hund im Fußgelenk »durchtritt«? Und durch die überlange Behaarung an den Hinterläufen (auch Behosung genannt) entsteht der Eindruck, dass der Neufundländer hinten »eng läuft«, obwohl er ein ganz normales Gangwerk hat.

Dieses Zurechtstylen wird von vielen einfachen Hundebesitzern abgelehnt. Durchaus zu Recht, wenn man die Übertreibungen sieht. Wer seinen Neufundländer nur wegen eines Ausstellungserfolges ständig badet und übertrieben oft durchbürstet, vernichtet die wasserdichte Fellstruktur, die den ehemaligen Fischerhund aus subarktischen Breiten auszeichnet. Solche Hunde sind dann auch für die Wasserarbeit leider nicht mehr zu gebrauchen.

Ein »gemäßigtes« Trimmen sollten Sie Ihrem »Bären« aber einmal angedeihen lassen. Sie werden überrascht sein, um wie viel positiver sich Ihr Neufundländer präsentiert. Bitten Sie einfach einmal einen versierten Aussteller darum, Ihren Hund »zurechtzumachen«. Lassen Sie sich zeigen, wie man das dichte Fell richtig bürstet und mit welchen kleinen Tricks bestimmte Körperregionen des Tieres noch besser zur Geltung kommen.

Manchmal finden sich Neufundländerfreunde sogar zu kleinen Treffen in Sachen Fellpflege zusammen. Nutzen Sie diese Möglichkeiten zum Erfahrungsaustausch. Meist lernen Sie auf solchen Veranstaltungen auch, wie man auf den Ausstellungen den Hund am besten vorführt.

Auch wenn Sie nicht alles übernehmen ,das »gewusst wie« erleichtert die Hundepflege ungemein.

TIPP

Hin und wieder bieten die Neufundländerklubs ein »Ringtraining« als Vorbereitung für Ausstellungen an. Nutzen Sie diese meist kostenlosen Möglichkeiten, auch wenn Sie vielleicht Ihren Liebling nicht einem breiten Publikum präsentieren wollen.

Rundum gesund

Rundum gesund

»Hunde sind auch nur Menschen«, ist ein Satz, der einem in den Sinn kommt, wenn man sieht, dass unsere vierbeinigen Freunde auch ihre Tage haben, an denen es ihnen mal gut oder mal schlechter geht. Und natürlich können unsere Neufundländer auch einmal krank werden. Damit muss der Hundehalter im Leben eines bärenhaften Fischerhundes durchaus rechnen. Denn immerhin wird der Neufundländer durchschnittlich an die zehn Jahre alt und viele erreichen sogar ein Alter von zwölf bis 14 Jahren. Der älteste bekannte Neufundländer in Deutschland wurde immerhin 17 Jahre alt.

Was ist also zu tun? Es mag lächerlich klingen, aber die Grundlage für einen gesunden Hund liegt schon in der Auswahl des Welpen.

Ein weiterer Aspekt ist Ihr Wissen und Ihre Handlungsbereitschaft, um in Notfällen rasch reagieren zu können. Und natürlich ist auch die Entscheidung für den richtigen, kompetenten Tierarzt ganz besonders wichtig. Letztendlich hilft Ihnen auch das Wissen über einige eher neufundländerspezifische Erkrankungen.

▸ Gesundheit beginnt beim Welpen

Wenn Sie ein Auto oder einen Kühlschrank kaufen, achten Sie da nur auf die Farbe oder die Form? Sicher nicht. Sie werden sich Gedanken darüber machen, wie zuverlässig das Gerät in Zukunft seinen Dienst versehen wird.

Seltsamerweise spielen diese Gedanken beim Kauf eines Welpen meist keine Rolle; das zeigt die jahrelange Erfahrung aus Gesprächen mit Welpeninteressenten. Da wird auf die Kopfform geachtet und ob der Welpe fröhlich auf einen zukommt. Über die Fellfarbe des neuen »Rudelmitgliedes« wird innerhalb der Familie heftigst diskutiert. Und war nicht die Mutterhündin auch allerliebst? Naja, und der Züchter war doch auch ganz nett, und einen seriösen Eindruck machte er auch, nicht wahr?

Gesund? Dass der Welpe gesund ist, das ist doch wohl selbstverständlich. Davon gehen Sie aus. Natürlich gibt es da die gesetzliche Gewährleistungsfrist, der der Züchter unterliegt. Doch können Sie einen kranken Welpen so einfach mir nichts dir nichts zurückgeben, wenn er Ihnen schon in den ersten Wochen ans Herz gewachsen ist? Nein? Also werden Sie, wenn Sie Pech haben, ein Hundeleben lang mit einem latent kranken Tier zusammenleben. Ich weiß aus Gesprächen mit Neufundländerbesitzern, dass dies ein Punkt ist, der sie im Laufe der Zeit immer mehr belastet.

TIPP

Darum an dieser Stelle noch einmal: Kaufen Sie einen Neufundländerwelpen nur aus einer kontrollierten Zucht, weil hier das Risiko weitaus geringer ist. Obwohl man an dieser Stelle auch einräumen muss, dass selbst der profundeste und gutwilligste Züchter keine hundertprozentige Garantie für die Gesundheit seiner Nachzucht abgeben kann. Immerhin handelt es sich bei der Zucht von Neufundländern um lebende Tiere und nicht um am Fließband hergestellte Präzisionsmaschinen.

Achten Sie also darauf, welche Auflagen der Züchter erfüllen muss um in seinem Klub züchten zu können. Im Deutschen Neufundländer Klub ist es z.B. Pflicht, dass alle Neuzüchter ein Einführungsseminar besuchen, das von der Zuchtleitung veranstaltet wird. Daneben wird die Zuchtstätte vor dem ersten Wurf von einem beauftragten Zuchtwart kontrolliert und abgenommen.

Auch die Zuchttiere unterliegen einer Kontrolle. Im Deutschen Neufundländer Klub z.B. gilt als Eingangsvoraussetzung die Untersuchung auf Hüftgelenks- und Ellbogendysplasie sowie die Absolvierung einer Zuchttauglichkeitsprüfung, bei der eben nicht nur auf den Typ gemäß Rassestandard, sondern auch auf andere Merkmale wie Zahnfehler, Entropium usw. geachtet wird, die zum Teil zuchtausschließend sind.

Seriöse Klubs lassen die Welpen vor Abgabe an den Welpenkäufer von einem Zuchtwart kontrollieren. Die Züchter im Deutschen Neufundländer Klub sind z.B. verpflichtet, jedem Welpenkäufer eine Kopie dieses Wurfabnahmeberichtes zu übergeben. In ihm sind alle Besonderheiten erfasst, die dem Zuchtwart aufgefallen sind, z. B. Nabelbrüche, Fehlstellungen des Gebisses, Einhoder, Wolfskrallen usw.

Viele Züchter lassen darüber hinaus ihren Wurf vor Übergabe an die Welpenkäufer nochmals von ihrem Tierarzt durchchecken. Lassen Sie sich eine Kopie des ärztlichen Attestes geben, wie Sie überhaupt möglichst alles über Ihren Welpen sammeln sollten. Dazu gehört eine Kopie der Zuchttauglichkeitsprüfung der Elterntiere genauso wie möglichst alle dazugehörigen Ausstellungsberichte. Lassen Sie es sich vom Züchter schriftlich geben, wann, mit welchem Medikament und in welcher Dosierung Ihr Welpe behandelt wurde (z. B. Wurmkuren).

Manche Züchter lassen Sie sogar Einblick in das Wurftagebuch nehmen, worin der Geburtsverlauf mit Gewichten verzeichnet ist, aber auch der Verlauf der Trächtigkeit mit medizinischer Betreuung der Mutterhündin.

Vereinbaren Sie mit dem Züchter schriftlich – im Kaufvertrag –, welche Unterlagen er Ihnen zur Verfügung stellt.

Und auch dies noch einmal: Selbst wenn es vielleicht nicht vom Züchter gefordert wird, gehen Sie mit Ihrem

Welpen bereits am ersten Tag zu dem Tierarzt Ihres Vertrauens. Nehmen Sie alle gesundheitsrelevanten Unterlagen mit und lassen Sie Ihren neuen Liebling durchchecken.

▶ Vorbeugen ist besser als Heilen

Viele Gesundheitsprobleme lassen sich vermeiden, wenn man die gleichen Maßstäbe anlegt wie bei uns Menschen. Das ist leichter gesagt als getan. Was Sie übrigens selbst beobachten können, wenn Sie einmal eine Neufundländerausstellung besuchen. Sie werden dort immer wieder einmal Neufundländer sehen, die deutliches Übergewicht haben. Ja, sagen wir es einmal ganz klar und deutlich: Sie sind zu fett. Dies hat einmal damit zu tun, dass der eine oder andere Neufundländerbesitzer gern einen »Bär von Hund« haben möchte. Andererseits hat manch einer dieser »Bären« auch viel zu wenig Bewegung, weil Herrchen oder Frauchen einfach zu wenig mit ihm unternimmt.

Nur sollte man sich keinen Illusionen hingeben. Übergewicht und mangelnde Bewegung können Auslöser für manch ernsthafte Erkrankung sein. Knochenprobleme, Herz- und Kreislauferkrankungen, Diabetes und Stoffwechselstörungen sind die fast zwangsläufigen Folgen.

Aber nicht nur mengenmäßig sollte die Ernährung auf den Neufundländer abgestimmt sein. Auch die ausgewogene Zusammenstellung des Futters ist für den »Bären« im wahrsten Sinne des Wortes lebenswichtig. So können z. B. Über- oder Unterdosierungen von Vitaminen und Mineralien Wachstumsstörungen oder gar Vergiftungen verursachen. Lassen Sie sich daher gerade in der Wachstumsphase Ihres Welpen von Ihrem Züchter und Ihrem Tierarzt ausführlich beraten.

Daneben gibt es immer wieder Dinge, die aus Nachlässigkeit von uns Menschen die Gesundheit, ja das Leben des Neufundländers gefährden können.

Ausreichende Bewegung ist eine gute Lebensversicherung.

HITZSCHLAG ▸ Wer seinen Neufundländer bei sommerlichen Temperaturen (die für den »Bären« bereits bei 20°C beginnen) körperlich stark belastet, riskiert früher oder später einen Hitzschlag. Vergessen Sie nicht, Hunde schwitzen nur über die Schnauze und die Pfotenballen, während andererseits das dichte Fell mit der ursprünglich für die Arktis notwendigen Unterwolle die Wärme speichert. Verlegen Sie also Spaziergänge in die Morgen- und Abendzeit. Gleiches gilt für lange Autoreisen, wenn der Wagen nicht über eine Klimaanlage verfügt.

Bei einem Hitzschlag, der sich durch Mattigkeit, starkes Hecheln, weiße Schleimhaut äußert, lassen Sie den Hund ruhen, kühlen ihn, so gut es geht, und ziehen sofort einen Tierarzt hinzu, damit der Hund kreislaufstabilisierende Mittel bekommt.

VERGIFTUNGEN ▸ Vergiftungen sind ein weiteres Thema, das Ihre Aufmerksamkeit erfordert. Das fängt bei Spaziergängen an, wo der Hund sich nicht über unbekannte »Leckereien« hermachen soll. Darum ist es so wichtig, dass Ihr Liebling aufs Wort, nämlich auf »Aus« oder »Pfui«, hört. Doch auch bei Ihnen zuhause sollten Sie in Ihrer Aufmerksamkeit nicht nachlassen. Natürlich werden Sie an für den Hund erreichbaren Stellen kein Rattengift auslegen. Aber vielfach wird vergessen, dass bei Gartenarbeiten giftige Insektizide vom Hund aufgenommen werden können. Selbst bestimmte Düngesalze können für den Hund toxisch sein. Behandeln Sie in dieser Hinsicht Ihren Neufundländer wie ein Kleinkind, achten Sie darauf, dass im Garten keine giftigen Pflanzen wachsen, die er anknabbern könnte. Auch bei Vergiftungsfällen, die sich schon mal mit Erbrechen äußern, »doktern« Sie nicht selbst herum, sondern suchen ganz schnell Ihren Tierarzt auf.

▸ Parasiten

Die Bekämpfung von Parasiten zählt zu jenen Pflegemaßnahmen, die der Vorbeugung dienen.

ZECKEN ▸ Eine regelmäßige Fellpflege ist unabdingbar, um die Zecken zu entdecken, die sich in die Haut Ihres Lieblings verbissen haben, um Blut zu saugen. Lassen Sie sich von Ihrem Tierarzt zeigen, wie man diese »Biester« am besten entfernt. In manchen Gebieten Deutschlands sind die Zecken darüber hinaus Überträger gefährlicher Krankheiten, z.B. der Borreliose, die im späteren Alter zu Lahmheiten führen kann. Sprechen Sie also mit Ihrem Arzt über Behandlungsmöglichkeiten wie Antibiotika.

Zur Zeckenabwehr wird der Arzt Ihrem Hund meist ein Medikament verordnen. Das kann ein Pulver sein, mit dem der Hund eingepudert wird, oder eine Flüssigkeit, die meist im Nackenbereich auf die Haut geträufelt wird. Diese Mittel sind wirksam, haben aber auch Nebenwirkungen, die nicht jeder Hund verträgt. Im Grunde handelt es sich um ein Insektizid, mit dem das Fell oder der Körper (die Flüssigkeit wird über den Blutkreislauf in den ganzen Körper transportiert) vergiftet wird. Selbst frei erhältliche Mittel wie Teebaumöl haben schon zu schweren allergischen Reaktionen geführt. Beobachten Sie also nach Verabreichung der Medikamente Ihren »Bären« und holen Sie gegebenenfalls den Rat Ihres Tierarztes ein.

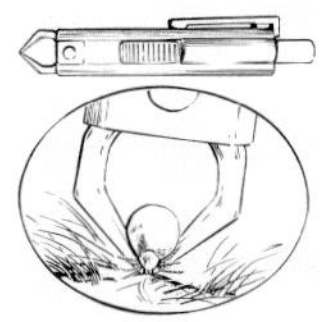

Lassen Sie sich den Gebrauch der Zeckenzange von Ihrem Tierarzt zeigen.

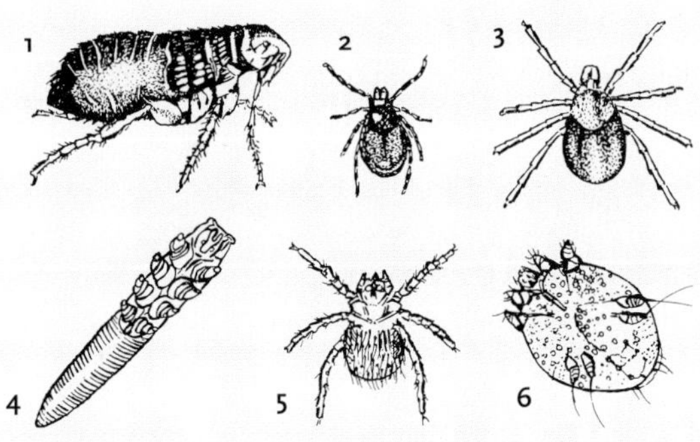

Hautparasiten sind Plagegeister, die ernsthafte Krankheiten übertragen können.
1 Hundefloh
2 Zeckenmännchen
3 Zeckenweibchen
4 Haarbalgmilbe
5 Herbstgrasmilbe
6 Grabmilbe

FLÖHE ▸ Während Ihr Liebling nur in der warmen Jahreszeit mit Zecken zu tun hat, können Flöhe »rund um die Uhr« lästig werden. Im Prinzip gelten die gleichen Maßnahmen wie zur Zeckenbekämpfung. Allerdings haben die Flöhe die Angewohnheit, ihre Eier im »Wohnbereich« des Hundes abzulegen. Da kann es zu peinlichen »Begegnungen der dritten Art« kommen, wenn Ihre sonntäglichen Gäste beim Nachmittagskaffee die Flöhe fröhlich auf dem Wohnzimmerteppich herumspringen sehen. Darum müssen bei erkanntem Flohbefall auch die Aufenthaltsräume des Hundes gründlich desinfiziert werden.

Auf die Nebenwirkungen der Bekämpfungsmittel beim Hund wurde ja schon eingegangen. Ein weiterer Punkt darf dabei nicht verschwiegen werden: Die Insektizide, die in Flohpulver oder Zeckenhalsbändern enthalten sind, sind so giftig, dass sie Kleinkinder gefährden können. Bitte beachten Sie unbedingt die Warnhinweise der Hersteller und fragen Sie neben dem Tierarzt auch Ihren Kinderarzt bei Verwendung von Flohbekämpfungsmitteln.

WÜRMER ▸ Wenn Sie Ihren Welpen beim Züchter abholen, wurde er bereits mehrfach entwurmt. Wurmbefall kann bei allen Caniden immer wieder auftreten, und darum sollten Sie dieses Thema durchaus ernst nehmen. Denn die Würmer können nicht nur den Hunden gefährlich werden, sondern auch uns Menschen. Vielleicht haben Sie schon vom kleinen Fuchsbandwurm gehört, der wirklich ernsthafte Erkrankungen verursachen kann. Im Allgemeinen haben unsere Hunde mit Spul- und Hakenwürmern zu tun, manchmal auch mit dem Hundebandwurm. Als Parasiten schwächen sie die allgemeine Konstitution des Hundes und fördern weitere Erkrankungen. Und da auch besonders Kleinkinder die Wurmeier aufnehmen können, sollte der Bekämpfung dieser Parasiten unsere besondere Aufmerksamkeit gehören.

Die Verbreitung der Würmer erfolgt über den Kot der Hunde, wo neben Würmern auch die Eier ausgeschieden werden. Da nun unsere Neufundländer bei den täglichen Spaziergängen an der einen oder anderen Duftmarke schnuppern, können sie auch die mikroskopisch kleinen Wurmeier aufnehmen.

Der Lebenszyklus eines Wurmes, vom Ei über die Larve bis hin zum geschlechtsreifen Wurm, dauert ungefähr drei Wochen. Dabei gilt, dass Entwurmungsmittel keine Wirkung auf die Eier haben. Somit ist klar, dass eine einmalige Entwurmung keinen Erfolg bringt. Vielmehr muss nach rund drei Wochen noch einmal entwurmt werden.

Da es Wurmmittel unterschiedlicher Stärke gibt, sollten Sie den Einsatz des entsprechenden Medikaments mit Ihrem Tierarzt besprechen. Denn es kann sich im Laufe der Zeit auch eine Resistenz entwickeln.

Im Allgemeinen sollte ein Neufundländer alle sechs Monate vorsorglich einer doppelten Wurmkur unterzogen werden. Haben Sie Kleinkinder, sollten Sie sich nach Absprache mit Ihrem Tierarzt und Ihrem Kinderarzt für kürzere Behandlungsintervalle entscheiden.

TIPP

Schützen Sie Ihre Kinder: Schließen Sie die Medikamente für Ihren Hund sicher weg. Entwurmen Sie Ihren Hund regelmäßig. Seien Sie bei der Verwendung von Floh- und Zeckenbekämpfungsmitteln vorsichtig. Lassen Sie auch kleine Bisswunden sofort vom Kinderarzt behandeln.

Eine gute Vorsorgemaßnahme ist in diesem Zusammenhang auch das rasche Entfernen der Kothaufen Ihres Hundes aus Ihrem Garten.

Impfungen

Eine weitere Vorsorgemaßnahme ist heute eigentlich selbstverständlich geworden. Gemeint ist die Impfung gegen verschiedene gefährliche Hundekrankheiten, die früher zahlreichen geliebten Vierbeinern das Leben kostete.

So hat z.B. der Deutsche Neufundländer Klub seinen Züchtern vorgeschrieben, die Welpen vor Abgabe an die Welpenkäufer gegen Staupe, Hepatitis, Leptospirose und Parvovirose impfen zu lassen. Lediglich bei Tollwut ist dies freigestellt, da es über das Mindestimpfalter mehrere medizinische Meinungen gibt. Trotzdem lassen die meisten Züchter vor Abgabe ihre Tiere auch gegen Tollwut impfen. Manche lassen darüber hinaus auch gegen Zwingerhusten impfen. Da der Impfschutz einige Zeit braucht, um sich voll aufzubauen, sollten Sie Ihren kleinen Welpen in den ersten Wochen möglichst nicht mit fremden Hunden zusammenkommen lassen und keine öffentlichen Plätze besuchen. Es ist bekannt, dass durch solche Unachtsam-

Impfschema

Infektion	*8. Lebenswoche*	*12. Lebenswoche*	*16. Lebenswoche*	*Auffrischung*
Staupe	x	x		Jährlich
Parvovirose	x	x		Jährlich
Leptospirose	x	x		Jährlich
HCC	x	x		Jährlich
Tollwut		x		Jährlich
Zwingerhusten		x		Je nach Impfstoff jährlich oder halbjährlich
Borreliose		x	x	Je nach Infektionsdruck jährlich oder halbjährlich

keit vereinzelt Hunde an der aggressiven Parvovirose eingegangen sind, obwohl sie kurz zuvor geimpft waren.

TIPP

Für Urlaubsreisen nach England, Schweden und Norwegen gelten verschärfte Einreisebestimmungen. Erkundigen Sie sich rechtzeitig, welche Impfungen, Blutuntersuchungen und Entwurmungen Ihr Tierarzt vornehmen muss.

Ihr Tierarzt wird im gelben internationalen Impfpass vermerken, wann die nächsten Folgeimpfungen notwendig sind. Übrigens: Sollten Sie die Impftermine überziehen, könnte Ihr nächster Auslandsurlaub gefährdet sein, da die meisten Länder auf einen gültigen Impfschutz achten. Erkundigen Sie sich also frühzeitig nach den Bestimmungen Ihres Urlaubslandes (Auskünfte erhalten Sie beim Tierarzt, Reisebüro, ADAC, Konsulat).

Eine gut ausgestattete Hundeapotheke hilft in Notfällen.

Erste Hilfe

Keine Frage, wenn Ihr geliebter Neufundländer ernsthaft erkrankt ist, gehört er in die Hände eines Fachmannes oder einer Fachfrau, nämlich des Tierarztes Ihres Vertrauens.

Doch es gibt auch viele Verletzungen und »Zipperlein«, bei denen Sie als Hundebesitzer durchaus mit Ihrer Hausapotheke helfen können.
Nur – was kann man selbst behandeln und wann zieht man dann doch einen Tierarzt hinzu? Eine Frage, die sich immer wieder aufs Neue stellt.

Da sind einmal die Verletzungen, die sich der Neufundländer zuziehen kann. Auch wenn man es dem gemütlichen »Bären« häufig nicht ansieht, wenn er sich entspannt auf der Terrasse »breit« macht – auch Neufundländer sind Lauftiere. Und Verletzungen an den Pfoten sind häufig. Das kann z. B. ein eingetretener Dorn sein. Nun bewährt sich die Unterordnung, denn mit dem Kommando »Steh!« hat man die Möglichkeit, die Pfote zu untersuchen. Meist ist es dabei notwendig, den Hund auf die Seite zu legen. Tasten Sie dann die Ballen der Pfote einzeln ab und achten Sie darauf, wo die schmerzempfindliche Stelle ist. Manchmal können Sie den Dorn nicht sehen, sondern nur fühlen. Ziehen Sie ihn vorsichtig heraus, damit er nicht abbricht, und loben Sie anschließend den Hund.

Als eifriger Spaziergänger wird Ihr Neufundländer auch öfters mit Schnittverletzungen am Ballen zu tun haben. Gehen Sie ähnlich vor wie oben beschrieben. Reinigen Sie die Wunde und sprühen Sie ein Desinfektionsmittel, das Sie in einer kleinen Flasche immer bei sich tragen sollten,darauf. Bei tiefen und großen Schnitte, sollten Sie unbe-

Ob schwarz, ob braun ... Neufundländer sind Kraftpakete, die durchaus auch temperamentvoll sein können.

dingt den Tierarzt aufsuchen, da sich die Wunde nicht schließen oder sich wildes Wundgewebe bilden wird, was zu bleibenden Behinderungen führen kann.

Auch wenn Neufundländer im Allgemeinen friedliche Zeitgenossen sind, kann es schon mal sein, dass sie sich bei Auseinandersetzungen Bisswunden zuziehen. Diese sind bei dem dichten Fell nicht leicht zu erkennen; meist erst nach einigen Stunden, wenn erste Entzündungserscheinungen Schwellungen verursachen. Untersuchen Sie daher Ihren Hund genau und sprühen Sie das schon erwähnte Desinfektionsmittel auf die Wunden. Auch hier gilt: Bei größeren Verletzungen, wie z.B. Rissen, sollten Sie einen Tierarzt konsultieren.

Augenverletzungen sind diffizil. Sie sollten sich auf das Ausspülen von Fremdkörpern beschränken. Ziehen Sie keine Fremdkörper, z. B. Dornen, aus dem Auge, sondern überlassen Sie das dem Tierarzt. Denn bei unsachgemäßer Behandlung kann der Hund sein Augenlicht verlieren.

Beim ungestümen Toben kann es durchaus vorkommen, dass sich Ihr Liebling vertritt und anfängt zu humpeln. Dabei ist es für Sie vielleicht am Anfang schwer zu erkennen, welcher Lauf betroffen ist, denn der Hund verlagert sein Gewicht auf die gesunden Beine, um sich vom Schmerz zu entlasten. Beobachten Sie also genau. Tasten Sie den betroffenen Lauf ab und fühlen Sie, wo der Schmerz sitzt. Bei leichten Verstauchungen reicht vielleicht eine Massage und eine Schonung des Hundes. Schwerere Verstauchungen führen zu Blutergüssen, die mit starken Schwellungen einhergehen. Hier ist der Besuch beim Tierarzt angezeigt.

TIPP

Hundeklubs bieten immer wieder einmal Seminare zum Thema »Erste Hilfe beim Hund« an. Hier wird nicht nur gezeigt, wie man kleine Verletzungen behandelt, sondern auch demonstriert, wie ein kranker Hund möglichst sanft zum Tierarzt transportiert wird.

Krankheitsanzeichen

Wenden wir uns nun den Krankheiten zu. Sie stellen den Hundefreund vor einige Probleme, denn der Neufundländer kann uns natürlich nicht sagen, was er hat. Zudem verbergen viele Tiere ihren Schmerz, solange es geht.

Erfahrene Hundefreunde bemerken jedoch Verhaltensänderungen wie erhöhtes Ruhebedürfnis, Mattigkeit, Futterverweigerung, Verfärbung der Mundschleimhaut, heftiges kurzes Atmen oder Hecheln, Veränderung der Körperausscheidungen wie dünnflüssiger Kot, Verfärbung des Urins, plötzliches Sabbern (natürlich nicht, wenn die heiß geliebten Kekse aus dem Schrank geholt werden) oder auch häufiges Trinken. Keine Sorge, auch Sie werden nach kurzer Zeit merken, wenn etwas mit Ihrem »Bären« nicht stimmt.

Ein Blick in die Augen des vierbeinigen Familienmitgliedes sagt viel über seinen Gesundheitszustand aus. Hängelider und glänzende Augen wie auch ein abwesender Blick sprechen durchaus für Fieber.

Fieber ist ein Anzeichen, dass der Körper gegen Krankheitserreger kämpft, und darum sollte zuallererst und immer (!) die Körpertemperatur gemessen werden. So lässt sich nämlich abschätzen, wie ernst die Lage ist. Im Gegensatz zu uns Menschen hat der Hund mit etwa 38 °C zwar ein etwas höheres Temperaturniveau. Steigt das Fieber jedoch auf über 39 °C, sollten Sie Ihren Tierarzt aufsuchen. Messen Sie jeweils am Morgen und am Abend. Ist die kritische Grenze bereits in den Frühstunden erreicht, dürfen Sie den Arztbesuch nicht länger aufschieben. Die Temperatur des Hundes wird im After gemessen, wobei sich die Verwendung eines elektronischen Thermometers bewährt hat. Lassen Sie sich von Ihrem Tierarzt zeigen, wie man das Thermometer richtig einführt.

Lassen Sie bei Routineuntersuchungen auch immer feststellen, wie schwer Ihr Neufundländer eigentlich ist. Die Angabe des Körpergewichtes hilft im Ernstfall dem Tierarzt, die richtige Medikamentendosis zu verabreichen. Es macht nämlich schon einen Unterschied, ob der Hund 45 oder 55 kg schwer ist.

TIPP

Fragen Sie Ihren Tierarzt immer, warum er welche Behandlung vornimmt. Vor allem notieren Sie sich, wannIhrem Hund welche Medikamente in welcher Dosis verabreicht wurden. Dies ist wichtig, wenn Sie einmal den Tierarzt wechseln wollen.

Unpässlichkeiten

Leichte Erkrankungen können Sie selbst behandeln – wenn Sie unsicher sind, nach Rücksprache mit Ihrem Tierarzt.

HAUT ▸ So zum Beispiel, wenn Sie bemerken, dass sich Ihr großer Liebling mit Vorliebe an bestimmten Stellen immer wieder und ausdauernd leckt. Meist sind das Stellen an den Pfoten oder Läufen. Vielleicht durch einen Zeckenbiss oder eine andere Verletzung kommt es zu Hautirritationen, also einen Juckreiz, und der Hund fängt an zu lecken. So kann ganz schnell eine Pilzinfektion entstehen, die den Juckreiz noch erhöht. Bei frühzeitigem Erkennen reicht eine Behandlung mit

Gewöhnen Sie Ihren »Bären« frühzeitig daran, daß er sich untersuchen lässt.

Jodtinktur oder einer Jodsalbe aus. Schenkt man dem keine Aufmerksamkeit, kann das ständige Lecken eine ernsthaftere Entzündung verursachen, die für einige Zeit zu kahlen Stellen führen kann.

AUGEN ▸ Neufundländer sind meist begeisterte Autofahrer. Geöffnete Seitenfenster laden den Neufundländer dazu ein, seinen Kopf in den Fahrtwind zu strecken. Das mag für den Beobachter ja ganz amüsant aussehen. Aber mal von der mangelnden Verkehrssicherheit abgesehen, führt dies häufig zu Entzündungen der Bindehäute. Sie werden mit entsprechenden Augentropfen behandelt.

Manchmal kann es auch zu Entzündungen der so genannten Nickhaut kommen. Das ist jenes innere Augenlid, das Sie als braune Haut im inneren Augenwinkel erkennen. Ursache für diese Entzündung kann das Baden in schmutzigen Gewässern sein. Diese eitrigen Entzündungen sollten nach Rücksprache mit dem Tierarzt medikamentös behandelt werden. Manche Tierärzte sind ziemlich schnell dabei, die Nickhaut entfernen zu wollen. Geben Sie diesem Verlangen nicht nach, sondern versuchen Sie weiterhin eine konventionelle Behandlung. Hunde ohne Nickhaut leiden häufig unter Bindehautentzündungen.

OHREN ▸ Schauen Sie Ihrem Neufundländer bei der wöchentlichen Pflegerunde auch in die Ohren. Wischen Sie die äußere Gehörmuschel mit einem Papiertaschentuch aus und sehen Sie in den Gehörgang. Entdecken Sie hier grobe braune Ablagerungen, kann es sich einfach um Schmutz handeln. Es können aber auch Hefepilze oder gar Ohrmilben sein. Die Behandlung dieser Plagegeister erfolgt durch Ohrentropfen, die eingeträufelt und dann einmassiert werden.

Sollte sich Ihr vierbeiniges Rudelmitglied häufig am Ohr kratzen oder den Kopf heftig schütteln, lassen Sie es vom Tierarzt untersuchen.

ANALDRÜSEN ▶ Wenn Sie mit Ihrem Liebling spazieren gehen und der Hund nach dem Erledigen des großen Geschäftes mit dem Hinterteil auf dem Boden herumrutscht, kann dies ein Zeichen für Wurmbefall sein. Es kann aber auch ein Hinweis auf verstopfte Analdrüsen sein. Manchmal hilft eine kräftige Massage beiderseits des Afters. Ist keine Besserung zu erkennen, muss der Tierarzt aufgesucht werden.

BEIM RÜDEN ▶ Sind Sie glücklicher Besitzer eines prachtvollen Rüden, müssen Sie einen Augenmerk auf das Glied des Rüden haben. Hier kann es schon einmal zu eitrigen Entzündungen der Vorhaut kommen. Sollte Ihr »Bär« einmal zum Decken kommen, werden Sie natürlich darauf achten, dass die Hündin zuvor auf Bakterien untersucht wurde. Eine Übertragung von Streptokokken kann nicht nur eine ernsthafte Entzündung der Harnwege verursachen, sondern auch zu andauernder Zeugungsunfähigkeit führen.

BEI DER HÜNDIN ▶ Hündinnenbesitzer haben etwa alle halbe Jahre mit der Läufigkeit ihrer Neufundländer-Dame zu tun. Wobei es, je nach Hündin, auch Schwankungen im Läufigkeitszyklus geben kann. Obwohl es sich nicht um eine Krankheit handelt, führt der Beginn der Blutung bei einigen Hundefreunden zu fast panikartigen Reaktionen.

Der Laie erkennt die Läufigkeit beim Neufundländer relativ spät. Denn das Anschwellen der Schamlippen wird anfangs durch das dichte Fell verdeckt. Das ist auch der Grund, warum der Beginn der Blutung meist nicht genau festgestellt wird, zumal sich die Hündin nun häufig an der Scheide leckt. Die Blutung bewirkt die Reinigung der Scheide und ist am Anfang tiefrot, um nach ca. 3–4 Tagen hellrot zu werden. Nach rund 3 weiteren Tagen ist der Ausfluss hellrot und wird ab ca. dem 10. Tag farblos. Nun ist die Hündin empfängnisbereit und lässt auch die Rüden, die sie zuvor »abgebissen« hat, an sich heran. Diese »gefährliche« Phase – bei der die Scham langsam wieder abschwillt – dauert im Durchschnitt wiederum 10 Tage. In seltenen Fällen wurden Hündinnen aber auch noch danach erfolgreich gedeckt.

Um dieses »Theater« zu umgehen, greifen einige Hundebesitzer zu einer Hormonbehandlung, die die Läufigkeit unterdrückt (Läufigkeitsspritze). Nur sollte man sich darüber im Klaren sein, dass dies ein schwerwiegender Eingriff in den Gesamt-Hormonhaushalt der Hündin ist. Es gibt Vermutungen, dass damit eine höhere Krebsanfälligkeit verbunden ist.

TIPP

Sind schwere Operationen notwendig, sollten Sie – wenn es zeitlich noch möglich ist – die Meinung eines zweiten Tierarztes einholen. Auch unter Tierärzten gibt es manchmal unterschiedliche Meinungen über die richtige Behandlung.

Genauso muss bezweifelt werden, ob die Radikalmaßnahme einer Entfernung der Gebärmutter allein aus Bequemlichkeitsgründen des Hundehalters heraus ethisch vertretbar ist. Immerhin handelt es sich um einen schweren Eingriff. Eine Operation kann allerdings notwendig werden, wenn sich im Zuge der Läufigkeit und vielleicht sogar Schwangerschaft oder Scheinschwangerschaft die Gebärmutter entzündet.

Darum sollte mit Ende der Läufigkeit auf ungewöhnlichen, meist eitrigen Scheidenausfluss geachtet werden. Allerdings ist dies kein sicheres Anzeichen, da es bei einer geschlossenen Gebärmutterentzündung nicht beobachtet werden kann. Im Spätstadium sind hohes Fieber und Druckempfindlichkeit untrügliche Hinweise. Nun muss wirklich rasch gehandelt werden. Es geht dabei um Stunden. Denn nur mit einer Notoperation kann der Tierarzt einen Durchbruch in den Bauchraum abwenden und somit das Leben der Hündin noch retten.

▸ Genetische Defekte bei Neufundländern

HÜFTGELENKSDYSPLASIE ▸ Der Neufundländer zählt zu den Riesenrassen, die mit ihrem schnellen Wachstum und der raschen Gewichtszunahme durchaus besondere Probleme haben. Tatsächlich sind alle großen und schweren Hunde durch Wachstumsstörungen gefährdet, während mittelgroße und kleine Hunde andere Schwierigkeiten aufweisen. Dies betrifft nicht nur so genannte Rassehunde, sondern auch Mischlinge.

Die züchterische Erfahrung zeigt, dass der Neufundländer eine gewisse Disposition für Skeletterkrankungen hat, wobei hauptsächlich das Gangwerk des Hundes betroffen ist. Gemeint ist hier besonders die Hüftgelenksdysplasie, die auf eine ungenügende Ausbildung des Hüftgelenks während der Wachstumsphase zurückzuführen ist.

Bei einem idealtypischen Hüftgelenk passt die Gelenkkugel des Oberschenkelknochens genau in die voll ausgebildete Gelenkpfanne des Becken-

**Die Hüftgelenksdysplasie ist eine genetisch bedingte Veränderung des Hüftgelenks.
A normales Gelenk
B krankhafte Veränderung
C schwere Dysplasie**

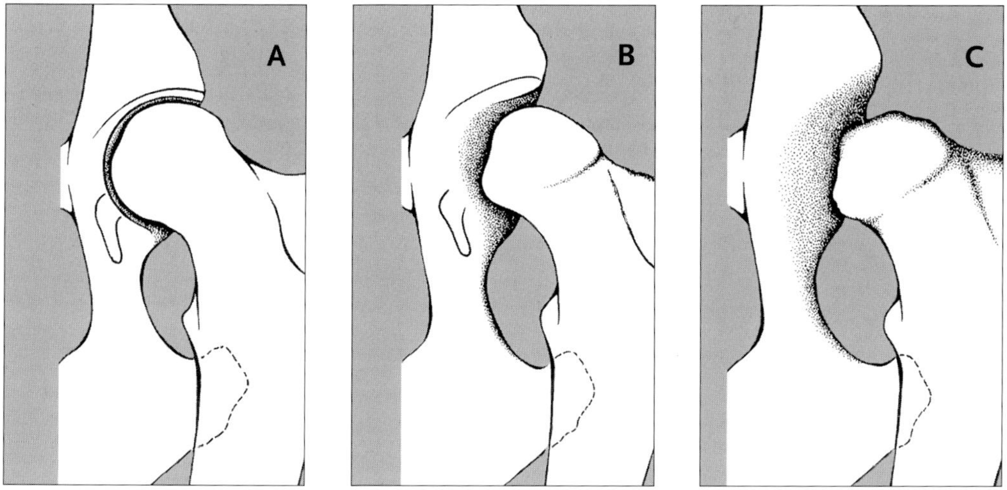

Trotz des mächtigen Kopfes soll der Neufundländer ein gut geschlossenes Auge haben.

knochens. Eine ungenügend ausgebildete Pfanne oder eine zu kleine Gelenkkugel führen zu einer Lockerheit im Gelenk und damit zu ungünstigen Belastungen beim Laufen. Mit der Folge, dass durch Ablagerungen und Abnutzung im Gelenk früher oder später eine krankhafte Knochenveränderung (Arthrose) entsteht. In ungünstigen Fällen kann die Gelenkkugel sogar aus der Gelenkpfanne herausspringen. Dies ist nur eine grobe Umschreibung des komplexen Problems, von dem übrigens nicht nur Hunde, sondern auch Menschen betroffen sind.

Vergleichsuntersuchungen und Testpaarungen haben ergeben, dass Elterntiere mit Hüftgelenksdysplasie, kurz HD genannt, mehr kranke Nachkommen haben als gesunde Elterntiere, was eindeutig auf eine genetische Ursache hinweist. Allerdings ist nicht bekannt, wie viele Gene oder gar welche daran beteiligt sind. Es spricht aber vieles dafür, dass es sich um einen polygenetischen Erbgang handelt, und manche Spekulationen gehen von vielleicht bis zu 20 verschiedenen Genen aus. Dies macht deutlich, dass eine genetische Bekämpfung, sprich Selektion der Zuchttiere, äußerst schwierig ist, besonders bei Hunden, die aufgrund ihrer Konstitution (Größe, schnelles Wachstum, Gewicht) mehr gefährdet sind als andere.

Das Problem wurde von den Züchtern frühzeitig erkannt. So ist bei den Neufundländerklubs innerhalb des Verbandes für das Deutsche Hundewesen (VDH) bereits seit 1969 eine röntgenologische Voruntersuchung der Zuchttiere eingeführt worden.

Nun ist Vorsorgeuntersuchung nicht gleich Vorsorgeuntersuchung. Tatsächlich schwanken die Aussagen von Tierärzten bei der Bewertung von Röntgenaufnahmen. Um zu einheitlichen Ergebnissen zu kommen, suchte der VDH für seine Mitgliedsvereine die Zusammenarbeit mit engagierten und qualifizierten Tiermedizinern. Heute werden vom Dachverband nur noch Untersuchungsergebnisse von Auswertungsstellen anerkannt, die den Regeln des veterinärmedizinischen »Hohenheimer Arbeitskreises« unterliegen. Für die beiden Neufundländerklubs innerhalb des VDH werden die Ergebnisse von Universitätsmedizinern ermittelt.

Die Ergebnisse werden entsprechend dem Schema der internationalen Hundezuchtorganisation FCI festgelegt. Aufgrund der schmalen genetischen Basis dürfen Neufundländer mit den Stufen »A« (frei), »B« (Übergangsform) und »C« (leichte HD) für die Zucht verwandt werden. Allerdings kommt die letzte Stufe nur noch selten zum Einsatz. Die Stufen »D« (mittlere HD) und »E« (schwere HD) führen zu einem Zuchtverbot.

Um eine genaue Kenntnis über die Ausprägung des genetischen Defektes zu erhalten, werden die Neufundländer aus beiden erwähnten Vereinen erst relativ spät geröntgt. Während Hunde anderer Rassen schon im Alter von 12 Monaten beurteilt werden, erfolgt dies für Neufundländer erst nach Vollendung des 18. Lebensmonats. Eventuell auftretende arthrotische Erscheinungen sind in diesem Alter bereits deutlicher ausgeprägt. Was einerseits zu einem schlechteren Ergebnis führen kann, andererseits den Züchtern bei der Einschätzung über die Zuchtfähigkeit des Tieres mehr Sicherheit gibt.

Das Auftreten einer Hüftgelenksdysplasie ist nun in den meisten Fällen kein »Todesurteil«, wie es in manchen übertriebenen Reaktionen besorgter Hundehalter zum Ausdruck kommt. Viele »Bären«, die mit diesem genetischen Defekt »geschlagen« sind, erreichen das durchschnittliche Lebensalter eines Neufundländers und sterben an anderen Krankheiten.

Der Hundehalter sollte sich nur bewusst sein, dass falsche Ernährung und Überbelastung in der Wachstumsphase die Ausprägung des Krankheitsverlaufs fördern können. Darum sollte der Aufzucht ganz besondere Aufmerksamkeit geschenkt werden. Was hier vom Hundebesitzer falsch gemacht wird, kann nicht mehr aufgeholt werden. Besorgte Neufundländerfreunde lassen ihre Lieblinge bereits zur »Halbzeit«, also mit rund neun bis zwölf Monaten vorröntgen. Natürlich sind solche Ergebnisse nur begrenzt aussagefähig, weil bis zum 18. Monat noch erhebliche Veränderungen auftreten können. Darum ist dieses Vorröntgen unter Neufundländerfreunden durchaus umstritten.

ELLBOGENDYSPLASIE ▶ Im Zuge der Bekämpfung der HD wurde deutlich, dass auch andere Probleme des Gangwerks genetische Ursachen haben. Dies zeigte sich bei zeitweise auftretenden Lahmheiten in der Wachstumsphase, die durch Knorpelablösungen im Ellbogen- und Schultergelenk verursacht werden. Dies führte im Deutschen Neufundländer Klub zu einer weiteren Vorsorgeuntersuchung. Zusammen mit der HD-Untersuchung werden auch Aufnahmen der Schulter- und Ellbogengelenke erstellt und von der externen Auswertungsstelle beurteilt.

ENTROPIUM UND EKTROPIUM ▶ Auch wenn nur ein verschwindend geringer Teil der Zuchttiere mit diesem genetischen Defekt behaftet ist, ist dieser Punkt ein Prüfkriterium bei der Zuchtzulassungsprüfung des Deutschen Neufundländer Klubs. Betroffene Tiere werden von der Zucht ausgeschlossen.

Die Gebisskontrolle führt auf Ausstellungen und beim Tierarzt immer wieder zu Schwierigkeiten. Darum üben!

Entropium ist ein einwärts gerolltes Augenlid, bei dem im Extremfall die Augenwimpern ständig das Auge reizen. Als Ektropium bezeichnet man das nach außen gedrehte Lid, auch Hängelid genannt. Hier ist die Bindehaut ständig sichtbar, mit der Folge einer chronischen Entzündung. Medizinisch notwendige Operationen sind vom Tierarzt in der Ahnentafel einzutragen, um sicherzustellen, dass diese Tiere nicht unerkannt in die Zucht gelangen.

ZAHNFEHLER ▶ Zahnfehler behindern den Neufundländer in den meisten Fällen nicht. Sie sind aber züchterisch nicht erwünscht. So führt das Fehlen wichtiger Zähne, wie z.B. von Backenzähnen (Molaren), zum Zuchtausschluss.

Der Rassestandard des Neufundländers fordert ein normales Scherengebiss. Durch Untersuchungen weiß man, dass sich die Form von Ober- und Unterkiefer unterschiedlich vererben. So können bei verkürztem Unterkiefer Unterbisse und bei verlängertem Unterkiefer Vorbisse entstehen. Dies sind grobe Fehler, die zum Zuchtausschluss führen.

Gerade beim Zahnwechsel können Fehlstellungen entstehen, wenn noch vorhandene Milchzähne dem nachwachsenden neuen Gebiss nicht genügend Raum geben. Darum ist es wichtig, dass der Hundehalter in dieser Zeit seinen heranwachsenden »Bären« genau beobachtet und gegebenenfalls den Tierarzt zu Rate zieht.

HODENFEHLER ▶ Nur ein voll zeugungsfähiger Rüde wird zur Zucht zugelassen. Bereits bei der Wurfabnahme wird vom Zuchtwart geprüft und entsprechend im Wurfabnahmebericht vermerkt, ob beide Hoden im Hodensack vorhanden sind.

Weitere Krankheiten

Weitere genetische Defekte finden in den vom VDH anerkannten Neufundländerklubs ihre Aufmerksamkeit, auch wenn sie noch nicht durch systematische Vorsorgeuntersuchungen eingegrenzt werden. So sind Hunde mit Wesensschwächen, angeborener Blindheit und Taubheit genauso von der Zucht ausgeschlossen wie auch Hunde mit Hasenscharten, Spaltrachen oder solche mit Progressiver Retina-Athropie. Auch Epileptiker und Hunde mit Herzanomalien oder Herzkrankheiten dürfen nicht zur Zucht verwendet werden.

Der alte Hund

Mit dem alten Neufundländer ist es vielleicht so wie mit einem guten alten Wein. Er hat nun seinen besten Charakter entwickelt. Natürlich ist der »Bär« nicht mehr so schnell wie früher, und er legt auch öfters ein kleines Schläfchen ein. Aber er kennt Ihre Reaktionen und hat sich an Ihren Lebensstil angepasst. Er ist Ihr Freund geworden und vertraut Ihnen voll und ganz. Helfen Sie ihm, wenn sein Körper nun nicht mehr so kann, wie er möchte.

Es zeigen sich erste Hautveränderungen, so die Liegeschwielen an den Ellbogen. Auch Warzen können vermehrt auftreten. Häufig bilden sich auch Fettknubbel unter der Haut, die ungefährlich sind, wenn sie sich leicht verschieben lassen.

Die Zähne haben sich abgenutzt; darum ist eine regelmäßige Gebisskontrolle genauso notwendig wie die Anpassung des Futters an die Bedürfnisse des alten Freundes.

Und vielleicht bemerken Sie auch nach einiger Zeit, dass Ihr Liebling nicht mehr so gut sehen kann, ja sich sogar die Augen eintrüben. Auch dies gehört zum Alterungsprozess.

Und wenn Sie sich beim Überprüfen der Pfoten einmal überlegen, wie viele Kilometer Ihr Neufundländer im Laufe seines Lebens zurückgelegt hat, verstehen Sie auch, dass Verschleißerscheinungen im Gangwerk unausweichlich sind. Berücksichtigen Sie dies bei Ihren Spaziergängen. Die meisten alten Hunde genießen es, wenn sie ausgiebig durchmassiert werden – ob es die Läufe sind, das Rückgrat oder die Brustpartie.

Natürlich treten im Alter auch Krankheiten auf, weil das eine oder andere Körpersystem nicht mehr zuverlässig arbeitet. Das können Blasen- oder Nierenstörungen sein. Vielleicht funktioniert auch die Bauchspeicheldrüse nur noch unvollkommen. Manchmal kommen Darmprobleme hinzu und Ihr alter Freund verliert unkontrolliert Kot.

Auch Hunde sind nur Menschen. Und wie bei uns können böse Wucherungen auftreten. Dies kann ein langsam wachsender Alterskrebs sein oder ein heftig wachsender Tumor.

Helfen Sie Ihrem Liebling auch in diesen schlimmen Tagen. Er vertraut Ihnen voll und ganz. Das merken Sie daran, wie er Sie ansieht oder wie er Ihre Hand liebkost. Lassen Sie ihn nicht allein in seinem Schmerz.

Lassen Sie ihn auch nicht auf seinem letzten Weg allein. Wenn es so weit ist, Abschied zu nehmen, bestellen Sie den Tierarzt zu sich nach Hause. Ihr Freund hat es verdient, in vertrauter Umgebung sanft einzuschlafen. Nehmen Sie ihn in den Arm und streicheln Sie ihn, während der Tierarzt die Einschläferungsspritze setzt.

Erziehung leicht gemacht

Erziehung leicht gemacht

Sicher, Sie können es sich einfach machen und nach dem Motto handeln: »Unser Neufundländer hört zwar nicht immer, aber immer öfter.« Das klingt doch durchaus sympathisch. Und hat man nicht von irgendwem gehört, dass der Neufundländer von allein lernt und praktisch keine Ausbildung braucht? Und wie war das noch: Verändert eine Ausbildung nicht den sanften Charakter des »Bären«? Na, also!

Dass diese Einstellung gar nicht so weit hergeholt ist, zeigt der Witz, den man sich unter Neufundländerfreunden gern erzählt: »Warum haben viele Neufundländerbesitzer häufig so eine frische, hochrote Gesichtsfarbe? Kommt sie von den zünftigen Spaziergängen mit dem Hund bei Wind und Wetter? Falsch! Sie kommt vom vielen Rufen, weil der Neufundländer einfach nicht hört.« Das ist doch ganz nett, oder?

Nun ja, ob Ihr Besuch begeistert ist, wenn er von einem erwachsenen Neufundländer angesprungen wird, ist schon eine andere Frage. Und wenn Ihr »Bär« dem Postboten seine Pfoten freundschaftlich auf die Schultern legt, dürfte unter Umständen leichte Panik angesagt sein. Spätestens die Vorstellung, Ihr ausgewachsenes Kraftpaket von 50 bis 60 Kilo hat auf dem Spaziergang den Wunsch, die Seite der stark befahrenen Straße zu wechseln, weil dort ein anderer Hund ist, sollte Sie nachdenklich werden lassen.

▸ Rangordnung

Zunächst möchten wir Ihre Aufmerksamkeit auf den sozialen Status des Neufundländers, sprich die Rangordnung, lenken. Denn wir wissen aus Gesprächen mit vielen Neufundländerfreunden, dass einige Welpenkäufer diesen Aspekt der Erziehung nicht beachten und darum früher oder später in ernsthafte Schwierigkeiten kommen. Offensichtlich ist nicht hinreichend bekannt, welche soziale Rolle ein Hund in der Familie einnehmen kann und darf.

Früh übt sich, was ein folgsamer Neufundländer werden will.

Bei den Vorfahren unserer Hunde, den Wölfen, ist die soziale Stellung der einzelnen Tiere genau geregelt. Die stärksten Tiere (Alpha-Rüde und Alpha-Wölfin) sind für die Führung des Rudels verantwortlich und sorgen mit Nachwuchs für das Überleben der Gruppe. Die übrigen Tiere sichern mit der gemeinsamen Jagd die Versorgung des Rudels und helfen bei der Erziehung der Welpen.

Werden die Alpha-Tiere schwächer, kommt es zu einem Machtwechsel und die nächststärkeren Tiere übernehmen die Führung. Jedes Tier versucht in der Rangordnung möglichst weit oben zu stehen, um bei einem Machtwechsel die Führungsposition übernehmen zu können. Dies führt in Zeiten unklarer Machtverteilung zu Auseinandersetzungen zwischen den einzelnen Tieren, bis sich eine neue soziale Struktur gebildet hat.

In dieser Hinsicht sind unsere Hunde immer noch Wölfe. Sie suchen einen Platz in der Familie, von dem sie glauben, dass er ihnen zukommt. Die Aufgabe des Hundehalters ist es nun, dem Hund diesen Platz in der Rangordnung zuzuweisen. Geschieht das nicht, wird der Hund früher oder später versuchen, die Führung des »Rudels« zu übernehmen.

TIPP

Kleine Kinder werden von Hunden meist nicht als höher stehende Rudelmitglieder betrachtet. Das kann Probleme geben, wenn der Hund sich in seiner Rangordnung angegriffen fühlt. Auch wenn der sanfte Neufundländer nicht dazu neigt, gewaltsam seine Interessen durchzusetzen, lassen Sie Kleinkinder nicht ohne Aufsicht mit dem Hund spielen. Niemals!

Versetzen Sie sich einmal in die Lage des Alpha-Tieres. Würden Sie als Rudelführer Befehle von Menschen annehmen, die rangmäßig unter Ihnen

Vorbildlich: der noch kleine »Bär« konzentriert sich auf die Hundeführerin.

Das erste Halsband wird schnell zu klein sein. Kunststoffleinen haben sich bewährt.

stehen? Nein, Sie würden vielmehr versuchen, die privilegierte Stellung mit allen Mitteln zu behaupten. Die entstehenden Probleme kann sich jeder ausmalen. Am Ende steht meist die Abgabe oder in seltenen Fällen sogar Einschläferung des Hundes. Und das, weil der Mensch seine Verantwortung als Rudelführer nicht wahrgenommen hat.

Der Neufundländer hat aufgrund seines sanften Charakters keine Probleme, sich in die Familie einzuordnen – wenn Sie konsequent sind und ihm seine Rolle klar machen.

Bereits in spielerischen Rangordnungskämpfen mit seinen Geschwistern hat Ihr Welpe Erfahrungen gesammelt und auch seine Mutter hat Ihrem kleinen »Bären« gezeigt, dass es Grenzen gibt. Spielen Sie daher viel mit Ihrem Welpen, damit er weiß, was er darf und was nicht. Vergessen Sie aber nicht: Sie sind der Rudelführer!

▸ Übung macht den Meister

Wenn Sie Ihren Welpen vom Züchter holen, beginnen Sie direkt mit der Erziehung. Denn »Was Hänschen nicht lernt, lernt Hans nur schwer – oder nimmermehr«.

Wichtig ist dabei eine kurze Kommandosprache, da Hunde keine ganzen Sätze verstehen können. Sie reagieren meist nur auf Wortsilben. Sätze wie z.B. »Lieber Nero, mach bitte Platz« sind nicht von Erfolg gekrönt. Stimmen Sie sich in der Familie auch ab, welche Kommandos wofür verwendet werden, damit Ihr Liebling schnell lernt, was von ihm gewünscht wird.

HERKOMMEN ▸ Rufen Sie Ihren kleinen »Bären« beim Namen und loben Sie ihn, wenn er aufhorcht. So lernt er auf seinen Namen zu reagieren. Wenn er freudig auf Sie zuläuft, verbinden Sie den Namen mit einem Kommando, z.B.: »Nero, komm!«, und loben ihn anschließend.

»MACH« ▸ Schon in den ersten Tagen in Ihrem Heim sollten Sie ein zweites Kommando verwenden: »Mach« oder »Nero, mach«, wenn er draußen im Garten an der vorgesehenen Stelle sein Geschäft verrichtet. Dies erleichtert es Ihnen später auf Spaziergängen, dem Hund zu zeigen, wo er sein »Geschäft« erledigen darf.

»STEH« ▶ Es folgt das Kommando »Steh!«. Stellen Sie dazu Ihren Welpen auf den Putztisch und halten Sie ihn fest, damit er ruhig stehen bleibt. Tasten Sie dabei den kleinen Bären ab – Beine, Körper, Kopf, Gebiss –, damit er sich an diese Prozedur gewöhnt. So haben Sie später bei der Fellpflege und Ihr Tierarzt bei Untersuchungen keine Schwierigkeiten. Das Kommando sollten Sie natürlich auch auf Ihren Spaziergängen trainieren. So können Sie z.B. den Hund veranlassen stehen zu bleiben, um Fremdkörper aus seinem Fell herauszuholen.

»AUS« UND »PFUI« ▶ »Aus« und »Pfui« sind zwei weitere Kommandos, die Ihr kleiner Liebling bereits in den ersten Tagen kennen lernen sollte. »Aus« verwenden Sie für Gegenstände, die er in der Schnauze hat, z. B. Kauknochen oder Stöcke, damit er begreift, dass er alles herausgeben muss was er hat. Damit stellen Sie sicher, dass Sie ihm auch den Futternapf wegnehmen können, ohne dass er ihn verteidigt.

Den Begriff »Pfui« oder »Nein« verwenden Sie für alle Aktionen, die er unterlassen soll – ob es sich um das Anknabbern von Stromkabeln oder Schuhen handelt oder das Fressen von unappetitlichen Sachen.

LEINENFÜHRIGKEIT ▶ Lassen Sie Ihren »Bären« auf Ihrem Grundstück ohne Halsband bzw. Kette laufen. Legen Sie es nur an, wenn Sie mit ihm spazieren gehen, damit er dies mit Vorfreude verknüpft. Wenn Sie Ihren

Braune Neufundländer verkörpern in besonderem Maße den »Bärentyp«.

Welpen an die Leine gewöhnen, lassen Sie ihm anfangs etwas Freiraum. Denn natürlich merkt er, dass er in seiner Bewegung behindert wird. Er wird zunächst störrisch sein und sich vielleicht sogar missmutig hinsetzen oder wälzen. Sprechen Sie ruhig mit ihm und loben Sie ihn, wenn er wieder ein Stückchen läuft. Erst wenn er die Leine akzeptiert hat, können Sie beginnen, ihn damit so zu steuern, dass er dort hingeht, wohin auch Sie wollen. Nehmen Sie dazu das Leinenende in die rechte Hand und greifen mit der linken oberhalb des Hundes in die Leine. So haben Sie nicht nur eine gute Kontrolle über Ihren »Bären« – er geht damit auch schon auf der »richtigen« Seite des Hundeführers.

Wenn Sie sich nun in Bewegung setzen, geben Sie das Kommando: »Nero! Fuß!« Sollte er nicht reagieren, geben Sie ihm einen leichten Ruck mit der Leine, damit er aufmerkt. Wenn Sie nun gehen, achten Sie darauf, dass der Hals des Hundes neben Ihnen ist. So können Sie bei unvorhergesehenen Ereignissen mit der Leine direkt und auf dem kürzesten Weg auf den Hund einwirken. Gleichzeitig können Sie beim Gehen Ihren Hund beobachten. Sie werden feststellen, dass er durch alle möglichen Ereignisse in seinem Blickfeld abgelenkt wird. Es gibt ja so viel Interessantes zu beobachten, und bald wird er versuchen, in diese oder jene Richtung »auszubrechen«. Geben Sie nun wieder das Kommando: »Nero, Fuß!« Meist ist der noch kleine Welpe so vertieft, dass er Ihr Kommando nicht hört. Geben Sie also mit der Leine einen kleinen Ruck – verbunden mit dem erneuten Kommando, damit er wieder auf Sie aufmerksam wird. Er muss begreifen, dass er sich bei diesem Kommando ausschließlich auf Sie zu konzentrieren hat, egal, ob in zwei Meter Entfernung ein Hund oder ein

Zu Beginn sollte man das Training in abgeschiedenen Gegenden durchführen, damit der Hund nicht abgelenkt wird.

Aufgepasst! Hier spielt die »Musik«!

Mensch den Weg kreuzt. Wenn er Ihren Wünschen folgt, loben Sie ihn.

Seien Sie bei diesem Training geduldig und konsequent. Es ist die wichtigste Übung, um später einen ausgewachsenen, kraftvollen Neufundländer locker unter Kontrolle halten zu können.

»SITZ« ▶ Wenn Sie nicht wollen, dass Ihr Neufundländer bei einer Unterhaltung mit Ihrem Nachbarn oder Postboten aufgeregt herumschnuppert oder gar die Einkaufstüte Ihres Gesprächspartners untersucht, kommen Sie um ein intensives Training des Kommandos »Sitz!« nicht herum. Verbinden Sie diese Übung mit den bereits antrainierten Kommandos. Gehen Sie also mit »Nero, Fuß!« los. Achten Sie darauf, dass er sich nur auf Sie konzentriert. Bleiben Sie mit dem Kommando »Nero, steh!« stehen. Und nach einem Lob geben Sie nun das Kommando »Sitz!«. Um dem kleinen »Bären« begreiflich zu machen, was sie wollen, drücken Sie ihn anfangs hinten zu Boden. Es wird nicht lange dauern, bis er Sie versteht.

Lob oder Leckerchen sind begehrte Belohnungen.

»Platz und Bleib« ist eine der schwierigsten Übungen und muß immer wieder trainiert werden.

»PLATZ« ▸ Ähnlich verfahren Sie mit dem Kommando »Platz«, indem Sie den »Bären« leicht auf den Boden drücken, bis er liegt. Anschließend loben Sie ihn. Diese Übung ist durchaus schwierig, denn jedes Mal wenn Sie sich bewegen oder etwas Interessantes im Blickfeld des Hundes erscheint, möchte er aufstehen. Auch hier gilt es den Neufundländer darauf zu konditionieren, dass er seine ganze Aufmerksamkeit nur auf Sie als Hundeführer zu richten hat.

Dies sind die absolut notwendigen Grundbegriffe, die Ihr Neufundländer kennen muss, damit Sie gemeinsam ohne Probleme durchs Leben gehen können. Trainieren Sie zuerst an einer abgelegenen Stelle, damit der »Bär« nicht abgelenkt wird. Meist bietet sich dazu der tägliche Spaziergang an, denn eine Übungseinheit sollte nicht länger als 10 Minuten dauern, damit der Hund nicht das Interesse verliert. Und loben Sie Ihren Liebling anschließend kräftig, damit er dieses »Spiel« angenehm in Erinnerung behält. Wenn Sie merken, dass Ihr Hund die Übungen beherrscht, setzen Sie das Training in belebten Gegenden fort, damit er lernt, auf Sie zu hören, auch wenn es so viel Interessantes zu entdecken gibt.

Erst wenn diese Kommandos »sitzen«, beginnen Sie das gleiche Training ohne Leine. Seien Sie hier besonders aufmerksam und konsequent. Denn sonst bekommen Sie über kurz oder lang auch jene hochrote Gesichtsfarbe, weil der Hund macht, was er will – und nicht, was Sie ihm sagen. Naja, und lautes Herumbrüllen passt einfach nicht zum sanften »Bären«.

Wenn der Hund nicht hört ...

Sowohl beim Spielen, beim Training als auch bei Spaziergängen kann es notwendig sein, dem übermütigen »Bären« seine Grenzen aufzuzeigen. Es ist eben nicht akzeptabel, wenn er beim Spielen zubeißt und womöglich Verletzungen verursacht. Auch die Jagd nach anderen Tieren oder das Streunen können nicht hingenommen werden. Und selbstverständlich hat er jederzeit Sachen herauszugeben, von denen er glaubt, dass sie ihm gehören. Gerade im Flegelalter bis 18 Monate glaubt auch der sonst so gemütliche Neufundländer manchmal seine Kraft ausspielen zu können.

Seien Sie konsequent und reagieren Sie wie die Mutterhündin, nämlich als Rudelführer. Natürlich können Sie nicht beißen, aber ein schneller Griff über die Schnauze, ein Schütteln an den Ohren bei gleichzeitigem Kommando »Pfui!« versteht der Neufundländer sehr gut. Senken Sie beim Tadeln demonstrativ die Stimme. Das entspricht in etwa dem tiefen Knurren bei Streitereien im Rudel.

TIPP

Achten Sie besonders darauf, dass Ihre Antwort auf sein Fehlverhalten wirklich sofort und unmittelbar kommt. Nur so kann Ihr Neufundländer Ihre Reaktion richtig verstehen und mit seinem Fehlverhalten verknüpfen.
Wenn Ihr »Bär« während eines Spazierganges »ausbüxt«, um vielleicht die Hühner des Bauern zu jagen oder sich in einem Schlammloch zu suhlen, nützt es nichts, ihn bei seiner Rückkehr zu bestrafen. Er verbindet dies nämlich mit seiner Rückkehr und nicht mit seinem Fehlverhalten; das heißt, er fühlt sich bestraft, weil er zu Ihnen zurückgekommen ist.

Gehen »bei Fuß« erleichtert den Umgang mit Neufundländern ungemein.

Begleithundeausbildung

Wohl die meisten Besitzer bringen ihrem »Bären« selbst das Rüstzeug für einen wohlerzogenen Neufundländer bei, mit dem man sich überall sehen lassen kann. Trotzdem kann es angebracht erscheinen, zusätzlich an einem Kurs zur Ausbildung als Begleithund teilzunehmen. Dies dient nicht nur der Vervollkommnung der eigenen Bemühungen, sondern ist im Zuge einer zunehmenden Diskussion um einen »Hundeführerschein« sinnvoll. Aber es gibt auch praktische Vorteile, denn einige Gemeinden räumen Hunden mit bestandener Begleithundeausbildung immer noch Steuerermäßigungen ein.

Der Verband für das Deutsche Hundewesen (VDH) kann Ihnen Adressen von Rassehundeklubs nennen, die in Ihrer Nähe einen Ausbildungskurs mit Prüfung durchführen. Bewährt haben sich übrigens die Bemühungen des Schäferhundvereins (SV), der über seine Ortsverbände das so genannte »Augsburger Modell« anbietet. Diese Begleithundeausbildung steht allen Hunderassen offen.

Eine Schutzhundeausbildung ist übrigens für Neufundländer ein absolutes Tabu, weil sie den Charakter dieses sanften »Bären« ungünstig verändern würde.

Der Hundeführerschein

Die Verschärfung der Hundeverordnungen im Zuge der »Kampfhunde«-Diskussion stellt auch Sie als Neufundländerbesitzer vor Probleme, obwohl der »Bär« allgemein wegen seines guten Wesens bekannt ist. Es ist eben nicht von der Hand zu weisen, dass es Mitbürger gibt, die generell vor großen Hunden Angst haben, besonders wenn sie ein bedrohlich wirkendes schwarzes Fell haben. Vielfach wurde nun im Verlauf der Diskussion um gefährliche

Bei guter Erziehung ist auch der Spaziergang mit zwei Neufundländern kein Problem.

Hunde die Forderung nach einem »Hundeführerschein« laut. Bereits heute müssen einzelne Hunderassen eine Wesensprüfung entsprechend der staatlichen Hundeverordnung ablegen. Und in einzelnen Bundesländern besteht für alle Hunde ab einer bestimmten Größe ein Leinenzwang, ja ihnen ist zum Teil sogar die Benutzung öffentlicher Verkehrsmittel untersagt.

Der Verband für das Deutsche Hundewesen (VDH), der auch als Interessensvertretung der Hundehalter gegenüber der Politik angesehen wird, hat aus der Diskussion Konsequenzen gezogen: Mit dem Konzept eines VDH-Hundeführerscheins sollen die unterschiedlichen Ausbildungskonzepte, wie »Begleithundeprüfung« oder das so genannte »Augsburger Modell« des Schäferhundvereines, zusammengeführt werden.

Das im Frühjahr 2001 vorgestellte Programm sieht einen etwa 12-wöchigen Vorbereitungskurs vor, in dem ca. ein- bis zweimal wöchentlich Übungsstunden stattfinden. Die Prüfung zum VDH-Hundeführerschein soll spätestens vier Monate nach Kursbeginn stattfinden. Die Ausbildung basiert dabei auf drei Säulen:

- Sachkunde des Hundehalters,
- Gehorsam des Hundes,
- Sozialverträglichkeit des Hundes.

Die Kurse werden nur von anerkannten Hundeausbildern abgehalten, die vom VDH die dazu notwendige Genehmigung erhalten haben.

Das Training beinhaltet eine umfassende theoretische Unterrichtung in allgemeiner Hundehaltung:

- Kurzvorstellung des VDH,
- Bestimmungen zum VDH-Hundeführerschein mit Erläuterungen,
- allgemeine Informationen über Hundehaltung in der heutigen Gesellschaft, Herkunft, Auswahl und artgerechte Haltung,
- Informationen über ein korrektes Auftreten mit Hunden,
- Informationen über Rechte und Pflichten eines Hundehalters,
- Informationen über Haftungsfragen und Versicherungsschutz,
- Informationen über Gesetze, Verordnungen und Bestimmungen zur Hundehaltung,
- Erste Hilfe beim Hund sowie die Erläuterung von Erziehung und Ausbildung:
- Verständigung zwischen Mensch und Hund,
- Erziehung des Hundes,
- Wesen des Hundes (Konstitution, Trieb- und Instinktveranlagung und Leistungsfähigkeit des Gehirns),
- Sinne des Hundes,
- Körpersprache (Ausdrucksverhalten) des Hundes,
- Konditionierung,
- Aufbau der Gehorsamsübungen.

Im praktischen Teil der Vorbereitung auf die Prüfung zum VDH-Hundeführerschein werden die einzelnen Prüfungsaufgaben geübt. Dazu zählt:

- Leinenführigkeit mit den Kommandos »Fuß«, »Sitz« und »Platz«,
- Gehen durch eine Gruppe,
- Sitzen aus der Bewegung,
- »Platz« aus der Bewegung mit Heranrufen,
- Ablegen des Hundes unter Ablenkung,
- Freilaufen und »Platz« aus der Entfernung.

Während diese Gehorsamsübungen auf einem Hundeplatz trainiert werden, wird die Sozialverträglichkeit in einem geeigneten Umfeld innerhalb von geschlossenen Ortschaften getestet.

Ihr Hund lernt die Begegnung mit Personengruppen kennen. Auch die Begegnung mit Radfahrern und die Begegnung mit Autos sind in das Trainingsprogramm mit aufgenommen.

Mit der linken Hand gibt man dem Hund über die Leine Signale und kann ihn lenken. Die rechte Hand dient als »Sicherung«, um den kraftvollen Neufundländer zu halten.

Weiter werden Sie und Ihr Hund kennen lernen, wie man sich bei Begegnungen mit Joggern oder Inline-Skatern richtig verhält, und auch die Begegnung mit anderen Hunden wird geübt.

Neben diesen praktischen Aufgaben wird bei der Prüfung zum VDH-Hundeführerschein Ihr theoretisches Wissen abgefragt. Aus einer Auswahl von 150 Fragen werden Ihnen 30 zur Beantwortung vorgelegt – ähnlich wie bei einer Kfz-Führerscheinprüfung.

Die Prüfung kann übrigens – auch in Teilen – wiederholt werden. Der VDH hat für den Kurs einheitliche Teilnahmegebühren festgelegt: Kursgebühr DM 150,–, Teilnahmepaket mit Schulungsunterlagen DM 30,–, Prüfungsgebühren für Kursteilnehmer DM 50,–.

Voraussetzungen

An den Kursen zum VDH-Hundeführerschein können alle Rassehunde und Mischlinge teilnehmen. Eine Klubmitgliedschaft des Hundehalters ist nicht erforderlich. Der Hund muss mindestens 12 Monate alt sein. Ein gültiger Impfpass sowie eine Haftpflichtversicherung muss vorgelegt werden.
Der Aufbau der entsprechenden Organisationsstrukturen war zum Entstehungszeitpunkt dieses Buches in Arbeit. Bitte erkundigen Sie sich direkt beim VDH (Seite 119), wo in Ihrer Nähe der nächste Vorbereitungskurs auf den VDH-Hundeführerschein stattfindet.

Freizeitpartner Neufundländer

Freizeitpartner Neufundländer

▸ Erstes Kennenlernen

Ihre Träume haben sich erfüllt: Ihr neues Familienmitglied, ein kleiner, knuddeliger Neufundländer-Welpe, ist da. Wie oft haben Sie sich ausgemalt, was Sie alles mit ihm unternehmen, ihm zeigen und beibringen würden – und jetzt sitzt er vor Ihnen, ist sicher verschüchtert in der neuen, ihm völlig fremden Umgebung, fern von Mutter und Geschwistern, fühlt sich allein, ist ängstlich und sucht nur eines: Schutz, Zuwendung und Liebe.

Freizeit: Dieses Wort wird in der Zeit des ersten Kennenlernens für Sie einen neuen Inhalt bekommen. Meinte es bisher die Zeit, die Sie frei von beruflichen oder geschäftlichen Verpflichtungen Ihren Hobbys, Neigungen oder der Muße nachgehen konnten, so bedeutet es jetzt, dass Sie sich möglichst viel Zeit für Ihren Neufundländer-Welpen nehmen, sich ihm als Freund und Herr präsentieren und ihn an sich, an Haus und Garten sowie die weitere Umgebung gewöhnen. Diese Zeit, sicher die wichtigste Zeit im Leben Ihres Neufunderländers, bezeichnet man als Prägephase, also als die Lebensphase, in der Ihr Neufundländer am offensten und empfänglichsten für Eindrücke ist und in der sein künftiges Verhalten Ihnen und der übrigen Umgebung gegenüber geprägt wird.

Wichtig ist also, dass Sie Ihren kleinen »Bären« richtig prägen, ihm Gelegenheit geben, Haus und Garten kennen zu lernen, die Umgebung zu erforschen und vor allem Erfahrungen zu sammeln in Begegnungen mit anderen Menschen und Tieren. Wie alle jungen Hunde spielt Ihr kleiner Welpe für sein Leben gern und Sie sollten jede Gelegenheit nutzen, mit ihm zu spielen. Doch sollten Sie gerade in den ersten zwölf Monaten besonders darauf achten, dass Sie ihn körperlich nicht überfordern. Neufundländer gehören ja zu den großwüchsigen Hunderassen. Sie wachsen in zwei bis drei Jahren aus, während z.B. die körperliche Entwicklung eines Menschen demgegenüber etwa 15 bis 20 Jahre dauert.

In dieser so kurzen Welpen- und Wachstumsphase kann deshalb falsche Bewegung, natürlich auch falsche Ernährung, die Ursache späterer Fehlbildungen des Bewegungsapparates wie auch organischer Fehler werden. Ihr Welpe kennt seine Grenzen nicht; für ihn bedeutet Spielen einen herrlichen Zeitvertreib, ebenso wie Spazierengehen, und zwar so lange, wie die Kräfte reichen. Das heißt oft bis an den Rand der Erschöpfung. Herrchen oder Frauchen sollten den noch kleinen Neufundländer deshalb lieber öfter und kürzer als seltener und länger bewegen und ihn auf gar keinen Fall gegen seinen Willen auf Trab bringen.

Ein Patentrezept, das für jeden Neufundländer passt, gibt es nicht. Neufundländer sind Hunde mit ausgeprägter Persönlichkeit, selbst im Welpenalter schon. Und so wie es besonders aktive und weniger aktive Menschen gibt, finden sich auch unter Neufundländern solche, die sich gern bewegen, die immer bereit zum Spaziergang sind, wenn Herrchen/Frauchen nur die Leine in die Hand nimmt, und andere, eher beschauliche Naturen, die von selbst kaum zum Spaziergang drängen.

Wie auch immer – jedenfalls bleibt es gerade in den ersten Wochen wichtig, dass Ihr kleiner Neufundländer in Ihrer Begleitung Gelegenheit bekommt, seinen Horizont zu erweitern. Dazu reicht es anfangs sicher aus, wenn Sie ihn zunächst Haus und Garten erkunden lassen, statt ihn sofort zu Spaziergängen mitzunehmen. Dies wird ihm und Ihnen schon deshalb am liebsten sein, weil er sich auf Ihrem Grundstück ohne Zwang, d. h. ohne Leine, bewegen kann und somit mehr

Was für uns Menschen das Zeitunglesen, ist für den Hund die tägliche »Schnupperstunde«. Geben Sie ihm die Möglichkeit dazu.

Bewegungsspielraum hat. Selbstverständlich in Ihrer Gegenwart und unter Ihrer Anleitung, denn von Anfang an sollte er die Grenzen erfahren, die ihm auf Ihrem Grundstück gezogen sind. Auch wenn es Sie Geduld kostet, sollten Sie konsequent darauf achten, dass er Ihre Blumenbeete nicht umgräbt, zum Lösen einen ihm zugewiesenen Platz aufsucht und Besucher nicht überfällt, um beispielsweise deren Kleidung auf ihre Reißfestigkeit zu untersuchen. Wenn Sie ihn bei allem konsequent begleiten, ihn immer dann, wenn er erfolgreich etwas bestanden, etwas richtig gemacht hat, freundlich und nachhaltig loben und ihn – wenn nötig – gelassen, aber bestimmt tadeln, so wird er schon sehr bald Vertrauen zu Ihnen bekommen, wie von selbst in Ihre Familie hineinwachsen und hier den Platz finden, von dem aus er die Welt erobern wird.

▸ Spaziergänge

Wenn Sie nun anfangen, mit ihm zunächst kleinere, dann größere Spaziergänge zu machen, setzt das voraus, dass Sie ihn an die Leine gewöhnt haben. Spazieren gehen ist für jeden Neufundländer, ob Welpe oder ausgewachsener »Bär«, ein großes Vergnügen. Ihr mittlerweile etwa sechs Monate alter Welpe hat jetzt den vollen Impfschutz und kann nun zusammen mit Ihnen daran gehen, die Umgebung Ihres Hauses zu erforschen, andere Menschen und Hunde kennen zu lernen und sich mit dem Straßenverkehr vertraut zu machen.

▸ Welpenspielgruppen

Auch könnten Sie sich umhören, ob es in Ihrer Umgebung nicht Welpenbesitzer gibt, die Hunde in vergleichbarem Alter und Interesse daran haben, eine Welpenspielgruppe zu gründen. In der

Aufgrund ihres Körperbaus sind Neufundländer nicht geeignet am Fahrrad zu laufen. So hilft nur eines ...

Begegnung mit anderen Welpen lernt Ihr kleiner Neufundländer spielerisch das notwendige Sozialverhalten, kann seine Kräfte messen und üben, seinen Rang in der Gruppe zu behaupten – lauter Dinge, die Sie ihm auch bei aller Zuwendung nicht geben können. Für Sie hat ein solcher Welpentreff den Vorteil, dass Sie sich mit anderen Welpenbesitzern austauschen und Ihren Liebling im Kontakt mit anderen Welpen beobachten können; so lernen Sie auch ihn besser kennen.

TIPP

Hundeklubs legen oft Wert auf Geselligkeit und fördern solche Treffen. Der Deutsche Neufundländer-Klub (DNK) z.B. veranstaltet in seinen Landesgruppen alle möglichen solcher Treffen, vom Wandertag über gemeinsame Wasseraktionen bis hin zum Stammtisch. Hier finden Sie alle Möglichkeiten, Ihren Welpen mit Rassegenossen zu vergleichen, ihn einzuschätzen und seine Entwicklung gezielt zu fördern.

Hinaus in die Welt

Selbstverständlich werden Sie ihm die Welt nur schrittweise, nach und nach erschließen. Denn Sie wollen ihn ja nicht überfordern. Jedoch werden Sie beim Spazierengehen sofort zwei bei ihm besonders ausgeprägte Instinkte bemerken, nämlich seine große Leidenschaft für das Apportieren und seinen Drang zum Wasser. Beide Instinkte sind bezeichnend für sein Wesen und führen uns zum Ursprung der Rasse, seinem Leben als Fischerhund auf Neufundland, für den Schwimmen und Apportieren etwas Selbstverständliches war.

Auch wenn Ihr Neufundländer herangewachsen und gesetzt geworden ist, bedeutet ihm der Spaziergang mit Ihnen nach wie vor alles. Er erwartet von Ihnen, dass Sie ihn überallhin mitnehmen, und ist tief enttäuscht, wenn Sie das Haus ohne ihn verlassen.

Welche Freude aber, wenn Sie mit ihm zusammen unterwegs sind. Seine Begeisterung, wenn er Ihnen etwas apportieren kann, wird Sie anstecken, immer neue Varianten des alten Spiels »Hol den Stock« zu erfinden, wenn möglich noch kombiniert mit Such- und Versteckspielen, sofern das Gelände dies nur irgendwie zulässt. Solche Spiele sind natürlich nur in freier Natur möglich.

In der Stadt gehört Ihr Neufundländer an die Leine, auch ohne behördlichen Leinenzwang. Sie werden deshalb als Stadtbewohner, wann immer es geht, zum Spaziergang mit Ihrem »Bären« das freie Gelände suchen: Parks, freie, begrünte Flächen oder Anlagen, vielleicht mit einem kleinen See, wie sie in den Städten zur Naherholung angelegt sind. Sie werden schnell feststellen, ob Sie Ihren »Bären« hier frei laufen lassen können oder nicht. Besteht Leinenzwang, sollten Sie sich und Ihrem Neufundländer öfters eine Landpartie gönnen, einen Ausflug auf Land, wo er frei laufen und sich entfalten kann.

Ein Spaziergang in der Stadt selbst ist für Ihren Neufundländer sicher kein Vergnügen. Auch dann nicht, wenn er Sie willig begleitet. Der Straßenverkehr mit seinen schnell wechselnden Situationen, seinem Lärm, Benzingestank und den vielen anderen oftmals grellen Reizen, das Gedränge auf den Bürgersteigen sind nichts für unseren Neufundländer und seine feinen Sinne.

Völlig leinenlos ... Neufundländer sind glücklich, wenn sie herumtollen können.

Gleichwohl empfiehlt es sich, ihn auch an den Straßenverkehr zu gewöhnen, dem wir doch nicht immer ausweichen können.

▸ Joggen

Neufundländer sind große, starke Hunde mit kräftigen Knochen, gerade so, wie sie früher auf Neufundland gebraucht wurden, um Lasten zu ziehen und den Fischern zur Hand zu gehen. Sie sind jedoch keine Lauf- und Hetzhunde. Es versteht sich deshalb von selbst, dass Sie beim Fahrradfahren Ihren Neufundländer nicht als Begleithund an der Leine führen können. Und selbst wenn: Was hätte Ihr »Bär« von einer für ihn so öden Fortbewegung? Nichts! Noch nicht einmal Gelegenheit, den Weg mit der Nase zu erkunden oder zu markieren, wie es bei einem normalen Spaziergang selbstverständlich wäre.

Sie sollten auch nicht enttäuscht sein, wenn Ihr Neufundländer sich weigert, Sie beim Joggen zu begleiten. Sicher schadet es einem ausgewachsenen, gesunden Neufundländer nicht, wenn er mit Ihnen zusammen eine längere Stecke joggt, zumal ihm dabei genügend Zeit zu kleinen Abstechern bleiben wird, um mal hier und da zu schnüffeln oder den Weg zu markieren. Dies sollten Sie ihm zugestehen und ihn deshalb auch nicht an der Leine mitführen, sondern frei laufen lassen. Vorausgesetzt natürlich, er folgt Ihnen auf Zuruf, sodass Sie ihn jederzeit zu sich rufen können und unter Kontrolle haben.

Für unseren schwarzen Rüden Bob war es immer ein Vergnügen, mich beim Joggen begleiten zu dürfen. Der Weg, den er dabei zurücklegte, war sicher erheblich länger als meiner, denn er pflegte den Wegesrand stets gründlich zu untersuchen, lief hierhin und dorthin, vor und zurück, um schließlich doch mir zu folgen. Er nahm auch Abkürzungen querfeldein, wenn der Abstand zu mir etwas groß geraten war, und teilte sich den Weg ganz nach seinen Bedürfnissen ein. Bob war ein verhältnismäßig schlanker, hochbeiniger Neufundländer, dem das Laufen mit mir nicht schwer fiel und großen Spaß bereitete.

Ganz anders unsere braune Hündin Ronja: Von kräftigerem Wuchs, mit einem dichten, trotz aller Pflege immer etwas zottig wirkenden Fell ausgestattet, hatte sie mir schon bei meinem allerersten Versuch, ihr das Joggen schmackhaft zu machen, deutlich ihre Abneigung gegen eine so überflüssige Beschäftigung gezeigt. Wir waren kaum einige hundert Meter weit gekommen, als sie stehen blieb und sich mit einer Miene, die offensichtlich Widerwillen ausdrückte, weigerte weiterzulaufen. Mehr noch: Als ich auf sie zulief, um sie zum Weiterlaufen zu animieren, drehte sie einfach um und lief nach Hause, ohne sich weiter um mich und mein Rufen zu kümmern. Die nächsten Versuche verliefen in ähnlicher Weise und ich gab es daraufhin auf, Ronja zum Joggen mitzunehmen. Sie hat es mir nicht übel genommen.

Gleichwohl ging sie gern, wenn auch gemessenen Schrittes, mit mir spazieren. Sie ließ sich nicht drängen oder gar davon abhalten, ihre Lieblingsplätze und -ecken entlang des Weges zu inspizieren, auf Hundepost oder sonstige Nachrichten zu untersuchen und ihre eigenen Marken zu hinterlassen.

Neufundländer entstammen einem rauen nördlichen Klima. Ihr dichtes Fell schützt sie selbst heute noch, nach über 100 Jahren Zucht in dem viel milderen Klima Mittel- und Südeuropas, wirksam vor Nässe und Kälte.

Ein Spaß für alle

Umgekehrt belastet sie ihr Fell sehr bei heißem Wetter und starker Sonne; ihr Kreislauf steht dann unter Stress und lässt sie jeder Anstrengung aus dem Wege gehen. Ihr »Bär« wird es Ihnen danken, wenn Sie bei solchem Wetter, also jedenfalls im Sommer, den Spaziergang mit ihm auf den frühen Morgen oder späten Abend verlegen. Sind Sie gleichwohl bei sommerlichem Wetter mit ihm unterwegs, sollten Sie schattiges Gebiet aufsuchen und ihn keineswegs der Sonne aussetzen.

Auf langen Wanderungen sollte immer für Abkühlung gesorgt werden.

Am liebsten jedoch sucht sich der Neufundländer in der warmen Jahreszeit einen halbwegs schattigen Platz im oder am Haus, wo er den Tag damit verbringt, zu dösen und im Übrigen jede überflüssige Bewegung zu vermeiden. Dies sollten Sie akzeptieren und den täglichen Spaziergang dann auch ausfallen lassen, wenn er von sich aus keine Anstalten macht, mit Ihnen gehen zu wollen. Sie selbst würden nicht anders handeln, wenn Sie gezwungen wären, im Sommer mit einem dicken Pelzmantel herumzulaufen. Wichtig ist, dass Sie Ihren »Bären« stets mit frischem Wasser versorgen. Natürlich ist im Sommer sein Durst besonders groß und sein Bedarf an Wasser entsprechend erhöht. Schließlich regelt sein Körper über die Wasseraufnahme den notwendigen Temperaturausgleich. Er schwitzt sehr bei Sonne und Hitze, wie uns sein schweres, unablässiges Hecheln verrät, und kann sehr leicht das Opfer eines Hitzschlags werden. Sie sollten ihn dann lieber im Schatten ruhen lassen statt ihn der Sonne auszusetzen, und zwar auch dann, wenn er Sie aus lauter Liebe und Anhänglichkeit in die Sonne begleiten will.

▸ Wasserfreuden

Wie wir selbst, so verlangt der Neufundländer in der Hitze nach Abkühlung, die Sie ihm immer gönnen sollten, wenn es eben nur geht, sei es, dass Sie ihm ein Wasserbecken oder eine mit frischem Wasser gefüllte Wanne zur Verfügung stellen oder ihn auch nur mit dem Gartenschlauch abduschen. Er wird begeistert im Wasser planschen und nicht vergessen, Ihnen dafür zu danken, indem er darauf achtet, dass Sie auch etwas von dem Was-

Neufundländer finden im allgemeinen ein positives Zuschauerinteresse.

ser mitbekommen, wenn er sich trocken schüttelt.

TIPP

Wenn Sie das Glück haben, in der Nähe eines Gewässers zu wohnen, in welchem Ihr Bär auch baden darf, so sollten Sie ihm, sooft es geht, Gelegenheit dazu verschaffen. Für ihn gibt es nichts Schöneres als zu schwimmen. Und wenn es dabei etwas zu apportieren gibt, so ist sein Glück vollkommen. Jetzt ist er, der Fischerhund vergangener Tage, in seinem Element und es ist eine Freude, ihm zu zusehen, wie schnell und ausdauernd er sich im Wasser bewegt.

Schwimmen macht ihm immer Spaß, selbst bei niedrigen Wassertemperaturen. Sein dichtes Unterfell und sein langes Haar schützen ihn vor Unterkühlung, so wie sie seine Vorfahren in dem rauen und unwirtlichen Klima Neufundlands geschützt haben. Wenn der Rassestandard in einem geschichtlichen Exkurs besonders die körperlichen und charakterlichen Eigenschaften des Neufundländers hervorhebt, die ihn als Wasser- und Rettungshund für die Menschen auf Neufundland so nützlich und unentbehrlich machten, so spricht er damit die Merkmale an, die den Mythos dieser Rasse begründet haben: nämlich die Freude am Schwimmen und Apportieren.

Diese Eigenschaften des Neufundländers gilt es zu pflegen und zu fördern, wenn wir seine Rasse mit ihren wesentlichen Merkmalen erhalten und verhindern wollen, dass er seine ursprünglichen Aufgaben nicht mehr kennt und nicht mehr erfüllen kann.

▸ Wasserarbeit und Wasserrettungsdienst

Im Deutschen Neufundländer-Klub z. B. wird deshalb besonderer Wert auf die Wasserarbeit, namentlich auf die Ausbildung zum Wasserrettungsdienst, gelegt, auch wenn es nicht immer leicht ist, geeignete Trainingsgewässer zu finden. Es gibt in diesem Klub einen besonderen Beauftragten für die Wasserarbeit, der Ihnen und Ihrem »Bären« gern den Kontakt zu der für Sie nächstliegenden Wasserarbeitsgruppe vermitteln wird.

TIPP

Bevor Sie mit Ihrem Neufundländer das Wassertraining aufnehmen, sollten Sie ihm bereits grundlegenden Gehorsam an Land beigebracht haben: Er sollte an die Leine gewöhnt sein, Kommandos wie »Fuß«, »Sitz« oder »Platz« zuverlässig befolgen, das freie Ablegen beherrschen und vor allem beim Apportieren gelernt haben, den Gegenstand auf Kommando aufzunehmen oder loszulassen. Ein Hund, der schon an Land nicht gehorcht, wird auch im Wasser nicht zu einem zuverlässigen Gehorsam fin-

Wenn Sie mit Ihrem »Bären« in einer solchen Gruppe mitmachen möchten, sollten Sie sich zunächst darüber im Klaren sein, dass Sie selbst mit ihm ins Wasser müssen, denn ein Training, bei dem der Hundeführer nur vom Land aus agiert und der Hund allein im Wasser ist, macht keinen Sinn und muss erfolglos bleiben. Gerade dem wasserunerfahrenen Hund gibt die Zusammenarbeit mit seinem Herrn im Wasser das nötige Vertrauen und die Sicherheit, die er zum Lernen und Bewältigen der auf ihn zukommenden Aufgaben braucht. Sie werden staunen, zu welchen Leistungen Ihr »Bär« fähig ist. Erfahrene Ausbildungsleiter berichten, dass ein Neufundländer in der Lage ist, ohne größere Anstrengung das Acht- bis Neunfache seines Körpergewichts zu ziehen, bei einem durchschnittlichen Gewicht von 55 kg (Hündin) und 70 kg (Rüde) also ohne weiteres ein Gewicht von etwa einer halben Tonne.

Jede Art von Training setzt zunächst voraus, dass Ihr Neufundländer gesund ist. Genauso wichtig ist, dass Sie eigenes Engagement und Ausdauer mitbringen sowie den Willen, mit Ihrem Hund konsequent zu arbeiten. Vergessen Sie nie, dass er kein Mensch ist, sondern ein Hund mit seinen typischen Eigenschaften: Sein Sozialverhalten ist das eines Rudeltieres, für das eine hierarchische Ordnung selbstverständlich ist; sein Streben nach Sicherheit, sein Mut sind Ausfluss seines Arterhaltungs- und Überlebenstriebes; den abstrakten Inhalt unserer Sprache versteht er nicht, wohl aber vermag sein feines Ohr sehr genau die Tonlage zu deuten, in der wir mit ihm sprechen, und daraus die an ihn gerichteten Befehle erkennen.

Es wird Ihnen und Ihrem »Bären« die Aufnahme der Wasserarbeit wesentlich erleichtern, wenn Sie ihn vorher schon an das Wasser und ans Schwim-

Ein Team ... Wasserarbeit fordert den Neufundländer nicht nur körperlich, sondern auch geistig.

men gewöhnt haben. Dies fällt ihm im Welpenalter am leichtesten und bedarf von Ihrer Seite aus keiner besonderen Vorkenntnisse: Sie nehmen den Welpen einfach auf den Arm und gehen mit ihm ins Wasser. Lassen Sie ihn dort los und Sie werden sehen, dass er schwimmt. Bleiben Sie dicht bei ihm und reden Sie mit ihm; das wird ihn beruhigen und ihm so viel Vertrauen einflößen, dass er Ihnen allmählich vom flachen auch ins tiefere Wasser folgt. Vor allem aber üben Sie keinen Zwang aus und stupsen Sie ihn nicht ins Wasser; er könnte Angst davor bekommen, würde jegliches Vertrauen verlieren und wäre für die Wasserarbeit nicht mehr zu gebrauchen.

Die eigentliche Wasserarbeit zielt darauf, Ihren Neufundländer vom leistungsfähigen Schwimmer stufenweise bis zu einem Rettungshund aufzubauen, der das Apportieren und Bergen vom Ufer und vom Boot aus beherrscht, ein Boot ziehen sowie einen Ertrinkenden retten kann. Dieser Aufbau spiegelt sich z. B. sehr anschaulich in den Ausbildungs-Richtlinien der Wasser-Rettungs-Staffel der Landesgruppe Schleswig-Holstein im Deutschen Neufundländer-Klub. Es handelt sich um 14 Übungen, wie sie in dieser oder in ähnlicher Form auch von anderen Klubs durchgeführt werden und die beispielhaft hier wiedergegeben werden sollen:

▸ Ausbildungsrichtlinien

1. Übung: Schwimmen, Dauer und Strecke
Streckenschwimmen: 200 m und 400 m in offener See bzw. in strömenden Gewässern. In stillen Gewässern (See) 400 m und 1000 m.

Dauerschwimmen: Offenes Gewässer 15 Minuten, stilles Gewässer 30 Minuten.

2. Übung: Holen eines Gegenstandes, Start vom Ufer
Der Hund sitzt neben seinem Trainer – vom Trainingsleiter bzw. einem Helfer wird ein Apportierholz vom Ufer ins Wasser geworfen. Der Trainer sendet den Hund aus, um das Holz zu bergen und ans Ufer zu transportieren. Ablegen des Holzes im knietiefen Wasser ist erlaubt – ansonsten muss der Hund das Holz beim Trainer abliefern. Auf Befehl ist das Holz abzulegen. Behält der Hund das Holz im Fang und läuft damit auf den Strand, gilt das als fehler-

Übung macht den Meister.

hafte Ausführung der Übung.
Übung wiederholen und auf korrektes Abliefern achten. Am Trainingsende kann dem Hund ein spezielles »Spielholz« angeboten werden, das er nach dem Apportieren auch behalten kann.

3. **Übung:** Holen eines Gegenstandes, Start vom Boot
Ein Helfer rudert mit dem Hund im Schlauchboot ca. 50 m aufs offene Wasser. Der Trainer wirft das Apportierholz vom Ufer aus ins Wasser und gibt dem Hund den Befehl, aus dem Boot ins Wasser zu springen, das Holz zu bergen und damit ans Ufer zu schwimmen. Abliefern wie bei Übung 2. Aufmunternde Unterstützung des Helfers im Boot ist erlaubt – ins-Wasser-Stoßen des Hundes verboten. Es ist darauf zu achten, dass der Hund beim Rudern ruhig im Boot sitzt und ohne Panik zu zeigen ins Wasser springt. Ein »ins-Wasser-gleiten« kann am Anfang vorkommen, soll aber nicht unterstützt werden. Von Anfang an darauf achten, dass der Hund frei ins Wasser springt – das vermindert die Gefahr von Verletzungen bei »Hartbooten«.

4. **Übung:** Vom Boot aus werfen, bergen vom Boot aus
Die Übung ist ähnlich wie Übung 3, jedoch wird das Apportierholz vom Helfer vom Boot aus geworfen. Der Hund muss daraufhin ohne Kommando aus dem Boot springen, das Holz bergen und damit ans Ufer schwimmen. Abliefern des Holzes beim Trainer. Es ist darauf zu achten, dass keine Aufforderung an den Hund erfolgt – die Reaktion muss von ihm selbst kommen. Das Holz soll so geworfen werden, dass der Wurf für den Hund sichtbar ist. Am Anfang das Holz nur in die Nähe des Bootes werfen. Der Hund soll lernen: Alles was aus dem Boot fällt, muss ohne spezielle Aufforderung geborgen werden.

5. **Übung:** Boot ziehen mit Leine, Hund startet vom Boot
Helfer, Trainer und Hund rudern mit dem Boot ca. 50 m aufs offene Wasser. Der Trainer bindet ein Apportierholz an eine Leine (ca. 5 Meter) und wirft es ins Wasser. Der Hund muss ohne Aufforderung vom Boot ins Wasser springen, das Holz aufnehmen und das Boot ans Ufer ziehen. Beim Ziehen können vom Trainer aufmunternde Zurufe an den Hund erfolgen. Ablegen des Holzes im knietiefen Wasser ist zulässig.

Bei dieser Übung ist darauf zu achten, dass der Hund frei von der Leine bleibt. Schwimmt der Hund über die Leine, diese sofort vom Boot lösen, um Verletzungen zu vermeiden. Am

Apportieren, das A und O der Wasserarbeit

Anfang kann es dazu kommen, dass der Hund das Holz fallen lässt, wenn der Zug des Bootes für ihn spürbar wird.

Die Übung muss wiederholt werden, bis sich der Hund daran gewöhnt hat.

6. Übung: Boot ziehen, Hund startet vom Ufer aus
Der Helfer rudert ca. 50 m aufs offene Wasser. Der Hund sitzt neben seinem Trainer am Ufer. Das Holz mit der Leine wird vom Helfer unter lautem Rufen ins Wasser geworfen.

Das Ziehen von Booten gehört zu den Standardaufgaben im Training.

Auf Handzeichen des Trainers startet der Hund vom Ufer, um das Holz zu bergen und damit das Boot an Land zu ziehen. Helfer sitzt ruhig im Boot – Anweisungen von ihm an den Hund sind nicht erlaubt. Abliefern des Holzes wie bei Übung 5.

Diese Übung kann auch mit Surfer und Surfbrett durchgeführt werden. Wichtig ist hierbei, dass der Helfer »stumm« bleibt – eine hilfsbedürftige Person spielt.

7. Übung: Mann über Bord, Hund startet vom Boot
Helfer, Trainer und Hund rudern ca. 50 m aufs offene Wasser. Der Helfer steht auf und lässt sich ins Wasser fallen. Der Hund muss ohne Aufforderung hinterherspringen, zum Helfer schwimmen und so lange um ihn herumschwimmen, bis dieser sich am Fell festgeklammert hat. Der Hund schwimmt mit dem Helfer zum Boot und beide werden aufgenommen. Kommandos, um den Hund zum Boot zu dirigieren, sind dem Trainer erlaubt. Zuerst den Helfer bergen, dann gemeinsam den Hund ins Boot hieven.

Der Schwimmer klammert sich im Fell des Hundes – und zwar seitlich an den Schultern – fest. Klammern an Hals und Rücken ist verboten. Bei dieser Übung ist darauf zu achten, dass der Hund nicht auf den Helfer aufschwimmt.

Vorübung: Mit dem Hund ins Wasser gehen und den Hund auf Armeslänge auf Abstand halten. Dem Hund beibringen, dass er im Kreis um die jeweilige Person schwimmt – immer auf Abstand achten. Ein zärtliches Streicheln mit der Pranke ist auch durch einen Taucheranzug zu spüren.

8. Übung: Mann über Bord, Hund startet vom Land
Helfer rudert mit dem Boot aufs Wasser. Der Hund sitzt neben dem Trainer am Ufer. In 50 m Entfernung vom Ufer wird das Boot geankert, der Helfer lässt sich ins Wasser fallen und ruft um Hilfe. Auf Handzeichen des Trainers schwimmt der Hund zum Helfer und wartet, bis sich der »Verunglückte« am Fell festgeklammert hat. Der Hund schwimmt mit ihm ans Ufer. Aufmunterungskommandos vom Trainer sind zulässig.

9. Übung: Dummy bergen, Hund startet vom Boot
Trainer und Hund rudern mit einer Puppe im Boot ca. 50 m aufs offene Wasser. Die Puppe wird vom Trainer über Bord geworfen; der Hund muss ohne Aufforderung ins Wasser springen, die Puppe bergen und mit ihr ans Ufer schwimmen. Kommandos sind weder vom Trainer noch von Hilfspersonen am Ufer erlaubt. Die Puppe darf vom Hund nur an Armen oder Beinen gefasst werden. Empfehlenswert ist, dass ein Apportierholz mit ca. 50 cm Leine am Oberarm der Puppe befestigt wird. Der Hund nimmt das Holz auf und schwimmt mit der Puppe ans Ufer.

10. Übung: Dummy bergen, Hund startet vom Land
Der Hund sitzt neben dem Trainer am Ufer. Der Helfer wirft die Puppe – wie bei Übung 9 – ins Wasser. Der Hund startet vom Ufer aus – ohne Anweisung des Trainer –, um die Puppe zu bergen und mit ihr ans Ufer zu schwimmen.

Keine Angst, der Neufundländer hat einen sanften »Apportiergriff«.

Hohe Schule der Wasserarbeit: Retten einer Person

11. Übung: Bergen einer hilflosen Person
Die Übung entspricht der Übung 10. Der Hund sitzt an Land. Ein Helfer lässt sich vom Boot aus ins Wasser fallen und spielt »toter Mann«. Der Helfer hat am Oberarm ein Apportierholz mit einer Leine befestigt. Der Hund muss ohne Aufforderung des Trainers vom Ufer aus starten, um den Verletzten zu bergen (am Holz fassen), und mit ihm ans Ufer schwimmen. Wichtig ist hierbei, wie schon bei den Übungen 7 und 8, dass der Hund nicht über den »Verletzten« schwimmt, sondern sich seitlich von der Person hält. Das gilt auch für das Arbeiten mit der Puppe.

12. Übung: Sprung vom Bootssteg und Bergen
Ein Helfer rudert ca. 20 m von einem Bootssteg oder einer steilen Uferbefestigung (Höhe zur Wasserlinie mindestens 1 Meter). Wahlweise kann mit einem Apportierholz oder Personen gearbeitet werden. Der Hund steht mit dem Trainer auf dem Steg oder auf der Kaimauer. Nachdem der zu bergende Gegenstand oder die Person im Wasser ist, erhält der Hund die Anweisung, vom Steg aus ins Wasser zu springen und den Gegenstand oder die Person zu bergen und zum Boot zu bringen.

Da der Hund mit so genanntem »Bauchplatscher« ins Wasser springt, soll die Sprunghöhe 3m nicht überschreiten – Verletzungsgefahr!

13. Übung: Tauchen und Bergen eines Gegenstandes
Tauchen aus dem Stand. Der Hund wird ins flache Wasser geführt. Der Trainer hält einen Gegenstand (Apportierholz) auf Armeslänge unter Wasser. Der Hund muss mit dem Kopf unter Wasser, um das Holz aufzunehmen und ans Ufer zu bringen. Klares Wasser und ein helles Holz sind für diese Übung Voraussetzung.

14. Übung: Tauchen aus der Schwimmbewegung
Der Hund schwimmt neben dem Trainer. Im brusttiefen Wasser wird vom

Trainer ein Gegenstand (Apportierholz) versenkt oder mindestens 1 m unter Wasser gehalten. Der Hund muss aus der Schwimmbewegung nach dem Gegenstand tauchen, ihn aufnehmen und damit ans Ufer schwimmen. Gegenstand wird von einem Helfer angenommen.

TIPP

Die Teilnahme an einer Wasserarbeitsgruppe, wie sie z. B. vom DNK angeboten wird, kann nur empfohlen werden. Sie treffen hier auf erfahrene Ausbilder, die Ihnen viele praktische Tipps geben können und auch wissen, was man Ihrem Hund zutrauen kann, während die anderen Teilnehmer an einem Meinungs- und Erfahrungsaustausch mit Ihnen mindestens ebenso interessiert sind wie umgekehrt Sie selbst. Ihr »Bär« hat dazu den großen Vorteil, dass er am praktischen Beispiel seiner Artgenossen lernen kann.

Nur Mut also: Sie und Ihr »Bär« werden es bestimmt nicht bereuen, wenn Sie sich einer Wasserarbeitsgruppe anschließen. Womit Sie sich auch international in guter Gesellschaft befinden werden, denn Wasserarbeit ist in den europäischen Neufundländer-Klubs sehr verbreitet. Von den französischen Rettungsschwimmern an der Atlantikküste ist z.B. bekannt, dass sie Neufundländer als Wasserrettungshunde einsetzen.

Zug- und Lasttraining

Handwerklich geschickte Neufundländer-Freunde haben auch schon Wagen und Geschirr für ihre Hunde gebastelt, um ihnen Gelegenheit zu geben, sich als Zug- und Lasthunde zu beweisen. Wer kleine Kinder hat, die sich gern von ihrem Neufundländer ziehen lassen, findet in ihm sicher einen aufgeschlossenen Partner. Schließlich hat er ja den Ruf seiner Vorfahren zu wahren, die auch als Zug- und Lasthunde gerühmt wurden.

Das Neufi-Taxi für die Kleinen

Mit einem interessanten Spielzeug ist der Neufundländer leicht zu motivieren.

Begleithund

Wegen ihrer Intelligenz und Anpassungsfähigkeit, ihrer Ruhe und Gelassenheit sind Neufundländer auch bestens geeignet, die Begleithundeprüfung zu bestehen, wie sie im Verband für das Deutsche Hundewesen (VDH) abgehalten wird. Damit dürfte es Ihnen nicht schwer fallen, mit Ihrem »Bären« zusammen den aktuell in die Diskussion gekommenen so genannten Hundeführerschein zu machen, falls Ihnen dies einmal vom Staat zur Auflage gemacht werden sollte oder Sie ihn freiwillig erwerben möchten.

Hundeausstellungen

Es ist ganz selbstverständlich, dass Ihr Neufundländer der schönste von allen ist. Natürlich weiß er dies, weil Sie es ihm schon oft ins Ohr geflüstert haben, während Sie mit ihm schmusten. Oder auch nur, weil er Sie so unbeschreiblich angesehen hat, dass Sie gar nicht anders konnten, als es ihm zu sagen.

Wenn dem so ist, so haben Sie sicher auch schon davon geträumt, mit Ihrem »Bären« an einer Hundeausstellung teilzunehmen (und einen Preis zu gewinnen). Dem steht nichts im Wege, wenn Ihr Neufundländer FCI-/VDH-Papiere und damit die Berechtigung hat, an einer im Bereich dieser großen Dachverbände abgehaltenen Hundeausstellung teilzunehmen.

Der VDH veranstaltet zweimal im Jahr, jeweils im Mai und Oktober, große

Ausstellungen in Dortmund, bei denen etwa 5.000 bis 10.000 Hunde der verschiedensten Rassen ausgestellt werden und regelmäßig auch ein Wettbewerb für Neufundländer stattfindet. Daneben veranstaltet der VDH weitere dieser gemischten Ausstellungen fast das ganze Jahr hindurch in verschiedenen größeren Städten in Deutschland, denen in der Regel jeweils auch eine Neufundländer-Schau angeschlossen ist. Der Deutsche Neufundländer-Klub organisiert zusätzlich im Laufe eines Jahres mehr als ein Dutzend Ausstellungen, verteilt auf ganz Deutschland, auf denen nur Neufundländer präsentiert werden und die deshalb Spezialzuchtschauen heißen. Hier finden Sie Teilnehmerzahlen von etwa 70 bis 150 Meldungen pro Ausstellung.

Die Teilnahme an einer Ausstellung muss natürlich intensiv vorbereitet werden. Das Vorführen Ihres Neufundländers bedarf einiger Übung, sein Äußeres intensiver Pflege, wenn Sie beide sich nicht blamieren wollen. Dann ist der Tag der Ausstellung gekommen und es gilt: Nur keine Aufregung jetzt! Und aufregend ist das ganze Drum und Dran allemal – zunächst der überwältigende Eindruck einer unübersehbar großen Ansammlung von lauter schönen Neufundländern, das vielstimmige Gebell, die vielen Menschen und schließlich die Ausstellungsringe, der Ort der Bewährung. Schon erschallt der Aufruf zum Wettbewerb. Noch ein letztes Mal den Hund gebürstet und dann in den Ring. Die leise Befürchtung, dass Ihr »Bär« vielleicht doch nicht der allerschönste ist. Und schließlich das Urteil: Er war es nicht! Aber ein »Gut« ist ein »Gut« und der nächste Ausstellungstermin ist schon notiert.

Hundeausstellungen haben ihren festen Platz im Zuchtgeschehen. Ihre Ergebnisse werden in so genannten Formwertnoten, Platzierungen und Championaten ausgedrückt, welche zur Grundlage züchterischer Entscheidungen werden. Deshalb finden Sie im und am Ausstellungsring viele Züchter, die ihre Hunde ausstellen, sich mit anderen Züchtern austauschen und sich über die für ihre Zucht in Frage kommenden Hunde auf dem Laufenden halten wollen.

Für den Neufundländer-Freund hingegen, der mit der Zucht nichts im Sinn hat und seinen Hund nur aus Freude am Wettbewerb ausstellt, bietet sich hier jede Gelegenheit, Kontakte, Tipps, Informationen und Anregungen zu bekommen. Auch wenn sein Liebling nicht prämiert werden sollte, wird er die Ausstellung doch in positiver Erinnerung behalten – und wenn es nur wegen der vielen schönen Neufundländer ist, die es dort zu sehen gab. Und vor allem wird er sich auf die nächste Ausstellung freuen.

An jedem Wochenende werden irgendwo in Europa Hundeausstellungen veranstaltet. Viele Aussteller verbinden den Besuch von Zuchtschauen mit einem Kurzurlaub.

Im Urlaub

Ihre Urlaubspläne werden auf Ihren »Bären« Rücksicht nehmen müssen. Ihn in südliche, heiße Länder mitzunehmen verbietet sich schon angesichts seiner Hitzeempfindlichkeit. Flugreisen wären für ihn, der die Reise in einer Box im Laderaum überstehen müsste, eine Strapaze, die wir ihm ersparen sollten. Manche Länder haben solche Impf- und Quarantänebestimmungen, dass allein deswegen nicht in Frage kommt, ihn mitzunehmen.

Ihr Urlaubshorizont schrumpft deshalb gewaltig, wenn Sie Ihren Neufundländer mit in den Urlaub nehmen wollen. Scheidet man diejenigen Hotels aus, die Hunde nicht aufnehmen, und streicht man extreme Bergtouren sowie mehrtätige Kreuzfahrten, so bleiben als Urlaubsziele alle mit dem Auto erreichbaren Regionen mittleren Klimas – vorausgesetzt, Sie bekommen dort eine geeignete Unterkunft. Und wenn es dort Wasser gibt, kann der Urlaub nicht mehr missraten.

Es bestehen aber auch keine Bedenken, wenn Sie Ihren »Bären« den Urlaub über zu Hause und dort betreuen lassen, falls Sie jemanden haben, dem Sie das anvertrauen wollen. Es ist auch nichts dagegen einzuwenden, wenn Sie ihn beim Züchter in Pflege geben. Nicht jeder Züchter allerdings nimmt fremde Hunde auf – aus Sorge vor Ansteckungsgefahren. Solange Sie Ihren Neufundländer in der Gesellschaft anderer Hunde und bei kundiger Pflege unterbringen können, wird er es ohne weiteres verkraften, wenn Sie ohne ihn Urlaub machen. Ihm geht es dann besser, als wenn Sie mit ihm am Urlaubsort so viel Kompromisse machen müssen, dass es Ihnen beiden den Urlaub verdirbt.

Im Alter jedoch, wenn seine Kräfte nachlassen und er ruhiger, empfindsamer geworden ist, sollten Sie ihn nicht mehr in Pflege geben, sondern ihn in gewohnter Umgebung zu Hause lassen. Möglicherweise ist es auch für Sie ein Gewinn, wenn Sie ihm dabei Gesellschaft leisten.

Wann geht ´s los?

Neufundländer züchten

Neufundländer züchten

Sie werden es erleben: Wenn Sie sich für eine hübsche Neufundländerhündin entschieden haben, hören Sie über kurz oder lang Kommentare aus Ihrer Verwandtschaft oder aus dem Freundeskreis wie z. B.: »Ach, ist die süß. ... Die Hündin sieht ja toll aus – wollt ihr später mit ihr züchten?«, oder: » Also, da müsst ihr unbedingt einen Wurf machen... « und so weiter, und so weiter.

Und schneidet Ihre Hündin auf einer Ausstellung auch noch gut ab, dann kommt auch bei Ihnen der Wunsch auf, zu züchten oder zumindest mal »einen Wurf zu machen«. Diese Gedanken sind ganz natürlich. Und genau wie Ihnen geht es vielen Hündinnenbesitzern.

▸ Warum wollen Sie züchten?

Doch halt! Bevor Sie sich in ein Abenteuer stürzen, dessen Ende Sie noch nicht absehen können, lassen Sie uns gemeinsam überlegen. Denn Züchten heißt Leben in die Welt setzen – für das Sie verantwortlich sind. Darum »Hand aufs Herz«: Warum wollen Sie züchten?

Seien Sie ehrlich zu sich selbst: Wollen Sie »mal einen Wurf machen«, weil Sie von guten Freunden gehört haben, jede Hündin solle wenigstens einmal

Ein Rendezvous

Welpen bekommen? Wollen Sie einen Wurf, weil Welpen einfach so »süß und niedlich« sind? Haben Sie vielleicht innerlich die Verkaufspreise des gesamten Wurfes Ihres Züchters zusammengezählt und träumen von rosigen finanziellen Aussichten? Oder denken Sie gar daran, sich mit dem Züchten die Sexualaufklärung bei Ihren Kindern zu erleichtern?

Merken Sie was? In den meisten Fällen geht es allein um Ihre Interessen. Nicht um die Belange der Hündin, der Welpen oder der Welpenkäufer, die mit Ihrem Welpen ein ganzes Hundeleben verbringen müssen. Beantworten Sie für sich selbst einfach die Frage: Würden Sie unter diesen Umständen von sich selbst einen Welpen kaufen?

▸ Wann man züchten sollte

Hundezucht und besonders die Zucht einer großen Rasse wie die des Neufundländers ist ein ernsthaftes Hobby, eine Passion. Es ist nicht vergleichbar mit Briefmarkensammeln, das man ruhen lassen kann, wenn man keine Lust mehr hat.

Hundezucht ist letztendlich ein Experiment mit Lebewesen. Ohne anmaßend sein zu wollen – aber in gewisser Weise übernehmen Sie die Rolle des Schöpfers. Sie bestimmen, ob, wann und von wem Ihre Hündin Welpen bekommt. Sie tragen die Verantwortung für die Gesundheit und das spätere Wohlergehen Ihrer Hündin und der Welpen. Daneben stellt sich auch die einfache und nüchterne Frage: Haben Sie überhaupt den Platz und die Zeit, eine Hündin während der zweimonatigen Schwangerschaft, der Geburt und der nochmals zweimonatigen Aufzucht ausreichend zu betreuen?

Vielleicht nehmen Sie ja auch Einflüsterungen für »bare Münze«, das Engagement in der Neufundländerzucht würde sich durch den Verkauf der Welpen finanziell lohnen. Geben Sie sich nicht dieser Illusion hin! Ernsthafte Neufundländerzucht, wie sie vor allem in den speziellen Neufundländerklubs betrieben wird, ist ein Zuschussgeschäft – sie kostet Geld. Das beweisen die vielen Züchter, die nach einem oder nur wenig mehr Würfen die Zucht wieder aufgegeben haben.

Seien Sie sich darüber klar, dass Sie mit dem Verkauf die Verantwortung für Ihre Welpen nicht abgeben können. Sie sind ja nicht nur weiter Ansprechpartner für Ihren Welpenkäufer. Sie müssen sich auch noch nach Jahren um das Tier kümmern, wenn es z. B. durch Scheidung oder Tod der Besitzer im Tierheim zu landen droht.

Schon bei den Welpen müssen Sie davon ausgehen, dass Sie den einen oder anderen viel länger behalten müssen, weil Sie keinen Käufer finden.

Der Deckakt

Welpen (hier mit zwei Tagen) werden blind geboren und haben ein Geburtsgewicht von ca. 500 g.

Gerade seit der Verschärfung der Hundeverordnungen ist der Absatz der Welpen zu einem Problem geworden.

Wenn Sie all diese Fragen für sich und für Ihre Hunde positiv beantworten können und auch noch Interesse an der Erhaltung und Verbesserung des Neufundländers als Rasse haben, dann herzlichen Glückwunsch zu Ihrer Entscheidung, oder wie man in Züchterkreisen des ehemaligen Fischerhundes von Neufundland zünftig sagt: »Welcome aboard!«

Zuchtvoraussetzungen

Wenn Sie züchten wollen, sollten Sie Mitglied eines Neufundländer-Klubs sein. Denn nur so kommen Sie an die notwendigen Ahnentafeln, die Sie den Welpenkäufern als Identitätsnachweis übergeben müssen. Entscheiden Sie sich für einen Verein, der dem Verband für das Deutsche Hundewesen angehört. Nur diese Papiere werden international anerkannt. Das gilt vor allem auch für das Heimatland Kanada und das Gründungsland England. Obwohl beide Länder nicht der internationalen Dachorganisation FCI angehören, akzeptieren sie nur Neufundländer mit den »richtigen« Papieren.

Die Entscheidung für einen dieser Klubs hat noch weitere Vorteile. Sie können nicht nur einen Erfahrungsaustausch mit vielen inländischen und ausländischen Züchtern pflegen, sondern auch bei der Paarung aus dem internationalen Zuchtpotenzial schöpfen. Nicht zuletzt wird Ihnen der Welpenabsatz ein wenig erleichtert, da sich viele Interessenten und Liebhaber beim VDH und bei den Welpenvermittlungsstellen der Neufundländerklubs melden.

Um züchten zu können, müssen zwei Grundvoraussetzungen erfüllt sein. Auf der einen Seite muss Ihre Hündin zuchttauglich sein. Zum anderen benötigen Sie eine Zuchtgenehmigung für Ihren zukünftigen Zwinger.

▸ Zuchttauglichkeit

Die Aufgabe eines jeden Züchters ist es, Zuchtfehler auszumerzen und damit seinen Beitrag zur Verbesserung der Zuchtbasis zu leisten. Dazu muss geprüft werden, ob Ihre Hündin einen positiven Beitrag leisten kann. Durch Beurteilungen auf Ausstellungen bzw. durch spezielle Zuchtzulassungsprüfungen wird festgestellt, inwieweit Ihre Hündin dem Rassestandard entspricht. Diese Prüfung wird von speziellen Zuchtrichtern vorgenommen. Sie erhalten hierüber einen ausführlichen schriftlichen Richterbericht mit einer Endbenotung, der so genannten »Formwertnote«. Diese kann »Vorzüglich«, »Sehr Gut«, »Gut«, »Genügend« oder »Disqualifiziert« lauten.

Da jeder der Neufundländerklubs die Vorgehensweise für die Zuchtzulassung unterschiedlich handhabt, erkundigen Sie sich am besten über die genauen Vorschriften. Im Deutschen Neufundländer Klub ist zum Beispiel vorgeschrieben, dass die Hündin (wie übrigens auch der Deckrüde) an einer speziellen Zuchtzulassungsprüfung teilnehmen muss, bei der zwei Richter gemeinsam den Prüfling entsprechend dem Rassestandard bewerten.

Weitere Tests sind notwendig, bevor die Hündin zur Zucht zugelassen ist. So die bereits im »Rundum gesund«-Kapitel (Seite 65) erwähnten Untersuchungen auf Hüftgelenks- und Ellbogendysplasie und die empfohlene Untersuchung auf Herzkrankheiten.

Weitere Bestimmungen in den Zuchtvorschriften der Klubs geben Auskunft über den frühesten Deckzeitpunkt, welche Auflagen der Deckrüde erfüllen muss und auch welcher »Papierkram« absolut notwendig ist.

Wenn Ihre Hündin für zuchttauglich erklärt wurde, entspricht sie nicht nur dem Rassestandard, sondern ist auch gesund. Trotzdem prüfen Sie für sich selbst noch einmal, ob Ihre Hündin für die Zucht geeignet ist – also einen positiven Beitrag leisten kann.

Vier Tage alter Welpe. Die Welpen werden mit farbigen Wollfäden gekennzeichnet, um Verwechslungen zu vermeiden.

▸ Zuchtgenehmigung

Wenn Sie in einem anerkannten Neufundländerklub züchten wollen, reicht es nicht aus, dass Ihre Hündin zuchttauglich ist. Vielmehr sind Ihre Züchterkollegen daran interessiert, in Ihnen einen kompetenten Partner zu finden, der für seine Neufundländer sorgt und nicht als so genannter Hinterhofzüchter dem Klub Schande macht.

In den Zuchtbestimmungen des Deutschen Neufundländer Klubs ist zum Beispiel festgelegt, dass Sie erst einmal ein Einführungsseminar für Neuzüchter besuchen müssen, das von der Zuchtleitung veranstaltet wird. Hier lernen Sie nicht nur die Zuchtvorschriften kennen, sondern hören auch einiges über die Zucht, wie Deckplanung, Welpenaufzucht usw.

Darüber hinaus müssen Sie einen Antrag auf Zwingerschutz stellen. Hierbei geben Sie an, unter welchem Namen Sie züchten wollen. Dieser Zwingername ist für Sie innerhalb des VDH geschützt, ja, der Schutz kann sogar auf den ganzen Bereich der FCI ausgedehnt werden.

Gleichzeitig erhalten Sie Besuch vom zuständigen Zuchtwart des Klubs. Er nimmt die Räumlichkeiten in Augenschein, die für die spätere Zucht vorgesehen sind. Wie eine Zuchtstätte auszusehen hat, erfahren Sie im Einführungsseminar und können es auch im entsprechenden Merkblatt nachlesen. Der Zuchtwart wird über seine Besichtigung einen Bericht verfassen und gegebenenfalls fehlende Notwendigkeiten reklamieren. In der Regel wird er jedoch der Zuchtleitung die Freigabe melden. Übrigens wird bei jeder Wurfabnahme der Zwinger erneut begutachtet.

Mit dem Besuch des Zuchtwartes sollten Sie auch prüfen, ob Sie dort, wo Sie wohnen, überhaupt züchten dürfen. Denn es gibt Städte und Gemeinden, wo die Zucht von (großen) Hunden in Wohngebieten eingeschränkt oder gar verboten ist.

TIPP

Nutzen Sie alle Möglichkeiten der Fortbildung. Besuchen Sie die Züchterseminare, die von den Neufundländerklubs oder auch vom VDH angeboten werden.

Haben Sie in Ihrer Familie mehr als zwei zuchtfähige Hündinnen – egal welcher Rasse –, benötigen Sie darüber hinaus eine Genehmigung vom zuständigen Veterinäramt, die nach Besichtigung durch einen Amtstierarzt in der Regel erteilt wird. Eine Kopie dieser Bescheinigung müssen Sie Ihrem Zuchtwart übergeben.

Eine Hündin mit ihrem fünf Wochen alten Nachwuchs

Es dürfte klar sein, dass der Zwingerschutz wie auch die Besichtigungen nicht zum Null-Tarif zu haben sind.

Zuchtziele

Ein Wurf, aus dem kein Welpe später in die weitere Zucht kommt, ist für die Zucht verloren. Das kann verschiedene Gründe haben. Einmal kann der Wurf so schlecht sein, dass sich die Weiterzucht nicht lohnt, oder es handelt sich um einfache Vermehrung, bei der der so genannte »Züchter« kein Interesse am Zuchtfortschritt hat.

Zuchtziele

Das sollten die Zuchtziele sein:

- [ ] Gesundheit und gleichrangig dazu
- [ ] außergewöhnlich gutes Wesen und erst dann
- [ ] Schönheit.

Sie als verantwortungsvoller Züchter werden sich natürlich Gedanken über die Paarung machen und werden später Ihrem Welpenkäufer erklären können, welche Zuchtziele Sie erreichen wollten. Sie meinen, Gesundheit sei doch selbstverständlich? Nun, es gibt immer wieder Situationen, wo der Züchter sich zwischen Sicherheit oder Risiko entscheiden muss. Bleiben Sie als Neuzüchter auf dem sicheren Pfad. Ihre Nerven werden es Ihnen danken. Denken Sie dabei auch daran, dass Sie dem Welpenkäufer gegenüber eine gesetzliche Gewährleistungspflicht haben. Dies kann bei unüberlegten Paarungen fatale finanzielle Folgen haben. Lassen Sie die Finger von Experimentalpaarungen, die von erfahrenen Züchtern gelegentlich für besondere Zuchtziele vorgenommen werden. Bemühen Sie sich vielmehr darum, gesundheitliche Risiken durch zusätzliche freiwillige Untersuchungen (die Sie sich schriftlich bestätigen lassen) einzugrenzen. So werden Sie langfristig Erfolg haben.

Welpenfütterung. In einem Wurf können mehrere Farbschläge auftreten.

Beim Studium des Rassestandards werden Sie bemerkt haben, dass beim Neufundländer ein besonderes Augenmerk auf den guten Charakter gelegt wird. Gemeint ist ein wirklich außergewöhnlich sanftes Wesen, denn die Zielgruppe für Neufundländer sind in erster Linie Familien mit Kindern. Eine regelrechte Wesensprüfung gibt es nicht, aber Sie kennen Ihre Hündin im Alltagsleben am genauesten und können einschätzen, ob es dort negative Verhaltensauffälligkeiten gibt.
Bemühen Sie sich auch um eine möglichst genaue Charaktereinschätzung des Rüden. Schließlich sind Sie es, der später den Welpenkäufern Rede und Antwort stehen muss, wenn sich der kleine Bär zu einem »Monstrum« ent-

Junghund im Welpenfell

wickelt. Und wenn Sie Pech haben, müssen sie ein solches Tier sogar zurücknehmen und neu vermitteln.

Ein Neufundländer sollte so aussehen, wie man sich den bärigen Fischerhund von Neufundland vorstellt. Lesen Sie den Rassestandard nicht nur einmal, sondern studieren Sie ihn immer und immer wieder. Besuchen Sie so viele Zuchtschauen wie möglich und vergleichen Sie die dort vorgestellten Tiere mit dem Rassestandard. Suchen Sie das Gespräch mit Zuchtrichtern, um deren Einschätzung in Detailfragen zu verstehen.

Präsentieren Sie Ihre Zuchthündin immer wieder, um zu verstehen, wo ihre Stärken und ihre Schwächen sind. Sie werden vielleicht feststellen, dass etwas am Gangwerk verbessert werden muss oder an der Fellstruktur oder am Ohrenansatz. Berücksichtigen Sie dies bei der Wahl des Deckrüden.

Setzen Sie sich zwei oder drei Verbesserungen als Ziel. Machen Sie nicht den Fehler mancher Züchter, die glauben, mit einer einzelnen Verpaarung den idealen Neufundländer züchten zu können.

Geben Sie sich auch nicht dem Wunsch vieler Neuzüchter hin, einen besonderen Farbschlag züchten zu wollen. Einmal sagt der Rassestandard ganz deutlich, dass das Wesen vor der Schönheit rangiert. Zum anderen ist die Zucht von rezessiven Farbschlägen allein aus Inzuchtgründen durchaus schwierig.

▸ Sie sind nicht allein

Die Entscheidung, Neufundländer züchten zu wollen, ist nicht einfach. Sie brauchen ja nicht nur das Einverständnis Ihrer Familie. Bei dem Gedanken an die finanziellen Folgen, das Gebundensein (naja, der Urlaub im warmen Süden fällt beim Besitz eines Neufundländers ja sowieso schon aus) und eventuell auftretende Komplikationen beim Schwangerschaftsverlauf kann es einem »Neueinsteiger« schon einmal die Sorgenfalten auf die Stirn treiben.

Doch vergessen Sie nicht: Ihr Ehepartner steht hinter Ihrem Hobby. Auch der Züchter Ihres nun herangewachsenen Welpen hilft Ihnen. Und der Klub wird Sie im Rahmen seiner Möglichkeiten unterstützen. Natürlich werden Sie auch in Ihrem Tierarzt eine große Stütze finden.

Spätestens beim ersten Welpentreffen werden Sie feststellen, dass sich Ihre Mühe gelohnt hat.

In diesem Sinne wünschen wir Ihnen viel Spaß und viel Erfolg!

Service

Service

AHNENTAFEL Abstammungsnachweis. Enthält neben wichtigen Daten, wie Namen Zuchtbuch-Nummer, Geburtsdatum, auch eine Auflistung der Ahnen (wenigstens 3 Generationen, beim Deutschen Neufundländer-Klub 5 Generationen).

BEFEDERUNG Anderer Name für die langen Haare an den Rückseiten der Vorderläufe.

BEHANG Andere Bezeichnung für die Ohren des Hundes.

FARBSCHLAG Gruppe von Hunden innerhalb einer Rasse, die sich durch besondere Merkmale abheben. Beim Neufundländer sind dies die Farbschläge Schwarz, Braun, Weiß-Schwarz. Andere Farbschläge, wie z.B. Grau oder Black-and-tan, entsprechen nicht dem Rassestandard der FCI.

FRONT So wird der Brustbereich bezeichnet. Häufig in Richterberichten nachzulesen (wie »breite Front« oder »schmale Front«).

GANGWERK Bewegungsablauf des Hundes. Gemeint ist dabei das Zusammenspiel von Vorder- und Hinterläufen. Hunde sind Lauftiere, bei denen drei Gangarten unterschieden werden: Passgang, Trab, Galopp.

GEBISS Das Hundegebiss besteht in der Regel aus 42 Zähnen, den Schneidezähnen, Fangzähnen, den Prämolaren (vordere Backenzähne) und den Molaren (hintere Backenzähne). Je nach Schweregrad kann Zahnverlust zu einem Zuchtverbot führen. Neufundländer sollten ein so genanntes Scherengebiss haben, bei dem die Zähne des Oberkiefers über die des Unterkiefers beißen (nach dem Prinzip der Schere). Ein Zangengebiss – Schneidezähne beißen aufeinander – wird toleriert. Ein Rückbiss, bei dem die Zähne des Unterkiefers vor die des Oberkiefers beißen, gilt als schwerer Zuchtfehler.

HACKENENG Stellungsfehler der Hinterläufe. Gut zu beobachten, wenn der Hund während des Laufens von hinten beobachtet wird. Es zeigt sich eine x-förmige Ansicht der Läufe, bei denen sich die Sprunggelenke fast berühren. Wird häufig durch falsche Ernährung im Wachstumsalter verursacht.

HOSEN Die lange Behaarung an der Rückseite der Hinterläufe.

LANDSEER In den Ursprungsländern Farbbezeichnung für den weiß-schwarzen Neufundländer. Geht zurück auf den bekannten englischen Tiermaler Sir Edwin Landseer (19. Jahrhundert), der mit seinem Bild »A distinguished Member of the Human Society« zur Verbreitung dieses Farbschlages beitrug. Deutsche Züchter haben seit ca. 1960 daraus eine neue Rasse entwickelt, die unter dem Namen »Landseer ECT« (europäisch-kontinentaler Typ) anerkannt wurde. Um Verwechslungen zu vermeiden, wird innerhalb der FCI der ältere Landseer-Neufundländer als »weiß-schwarzer« Farbschlag bezeichnet.

OBERLINIE/UNTERLINIE So werden bei der Betrachtung des Hundes in der Seitenansicht die Rückenlinie und die Bauchlinie bezeichnet. Fehler sind z. B. Senkrücken, nach hinten ansteigende Rückenlinie (überbaut) oder auch nach hinten abfallende Rückenlinie.

PRÄGUNG Befristeter Zeitraum zwischen der 4. und 16. Lebenswoche, in dem ein besonders intensives Lernen erfolgt, das zu fast unauslöschlichen Lernergebnissen führt (eingeprägt).

SCHULTERHÖHE Die Größe eines Hundes wird nicht vom Kopf, sondern vom obersten Punkt der Schulter zum Boden gemessen.

SCHWIMMHÄUTE Ausdruck für die Zwischenzehenhäute, die beim Neufundländer etwas stärker ausgeprägt sind als bei vielen anderen Rassen. Sie sind mit den »Schwimmhäuten« von Wasservögeln jedoch nicht vergleichbar.

STOP Knick bzw. Übergang beim Hundeschädel in Höhe der Augenpartie. Er markiert den Übergang vom Nasenkochen zum Oberschädel. Der Neufundländer soll einen ausgeprägten Stop haben, jedoch nicht so stark wie beim Bernhardiner und nicht so flach wie beim Landseer ECT.

WESEN Die Gesamtheit aller Verhaltensweisen, sowohl der angeborenen als auch der erworbenen. Ergebnis des Zusammenkommens der Anlagen und sämtlicher Umwelteinflüsse.

WINKELUNG Bezeichnung für die Gelenkwinkel der Läufe im Stand wie auch während des Laufens. Falsche Winkelungen, wie »steile« Winkelungen oder Überwinkelungen, führen zu Störungen im Bewegungsablauf. Sehr wichtiges Auswahlkriterium für Zuchtrichter bei der Beurteilung.

ZUCHTBUCH Auch Stammbuch genannt. Enthält alle Hunde, die vom jeweiligen Neufundländerklub registriert wurden. Grundsätzlich werden alle Welpen erfasst, darüber hinaus auch alle importierten Zuchttiere. In einem Registeranhang sind alle Tiere aus Zuchtverstößen aufgeführt und Hunde aus nicht FCI-konformen Zuchten. Diese Tiere erhalten in der Regel keine Zuchtgenehmigung.

ZUNGE Viele Neufundländer haben eine blau-schwarz gefleckte Zunge. Beim braunen Farbschlag sind diese Flecken braun. Zahlreiche Neufundländerfreunde glauben, dies sei ein Zeichen dafür, dass es sich um einen »echten« Neufundländer handele. Bereits seit Beginn der Zucht wurde dieses Merkmal immer wieder beobachtet. Es ist jedoch auch bei anderen Rassen, z. B. Chow-Chow, zu sehen.

Der Neufundländer

- **FCI-Standard Nr. 50/09.12.1996/D**
- **Ursprungsland: Kanada**
- **Verwendung: Schlittenhund für schwere Lasten, Wasserhund**

KLASSIFIKATION FCI

Gruppe 2 (Pinscher und Schnauzer, Molosser und Schweizer Sennenhunde), Sektion 2.2 (Berghunde ohne Arbeitsprüfung).

KURZER GESCHICHTLICHER ÜBERBLICK

Diese Rasse stammt von der Insel Neufundland und entstand aus einheimischen Hunden und dem großen schwarzen Bärenhund, den nach dem Jahre 1100 die Wikinger dort eingeführt hatten. Nach dem Eintreffen europäischer Fischersleute wirkten verschiedene Rassen an der Gestaltung und der Auffrischung der Rasse mit, aber die wichtigsten Eigenschaften blieben bestehen. Als im Jahre 1610 die Kolonisation der Insel begann, war der Neufundländer bereits im Besitz seiner arteigenen Morphologie und seiner angeborenen Charakterzüge. Diese Eigenschaften haben ihm gestattet, an Land beim Ziehen von schweren Lasten die extrem strengen klimatischen Bedingungen zu ertragen und als Wasser- und Rettungshund den Gefahren des Meeres zu trotzen.

ALLGEMEINES ERSCHEINUNGSBILD

Der Neufundländer ist massiv und hat einen kräftigen, gut bemuskelten Körper; der Ablauf seiner Bewegungen ist gut koordiniert.

WICHTIGE PROPORTIONEN

Die Länge des Körpers, vom Buggelenk zum Sitzbeinhöcker gemessen, ist größer als die Widerristhöhe. Der Körper ist kompakt. Der Körper der Hündin kann etwas länger sein und ist weniger massiv als der des Rüden. Der Abstand vom Widerrist bis zur Unterseite der Brust ist größer als der Abstand von der Unterseite der Brust zum Boden.

VERHALTEN UND CHARAKTER (WESEN)

Der Neufundländer drückt in seiner Erscheinung Wohlwollen und Milde aus. Majestätisch, fröhlich und unternehmungslustig, ist er für seine stete Liebenswürdigkeit und Gelassenheit bekannt.

KOPF

Massiv. Der Kopf der Hündin entspricht in seiner Gesamterscheinung dem des Rüden, ist aber etwas weniger massiv.

OBERKOPF

SCHÄDEL: Breit, mit leicht gewölbtem Scheitel und kräftig entwickeltem Hinterhauptbein.

STOP: Klar ausgeprägt, aber nicht abrupt.

GESICHTSSCHÄDEL

NASE: Groß, gut pigmentiert, mit gut entwickelten Nasenflügeln. Farbe: Schwarz bei schwarzem und bei weiß-schwarzem Haarkleid, Braun bei braunem Haarkleid.

FANG: Ausgesprochen quadratisch, tief und mäßig kurz; mit kurzem feinem Haar bedeckt, ohne Falten. Mundwinkel klar abgezeichnet, aber nicht zu stark ausgeprägt.

BACKEN: Weich.

GEBISS: Scheren- oder Zangengebiss.

AUGEN: Verhältnismäßig klein und tief eingesetzt; sie liegen weit auseinander, und es ist keine rote Bindehaut sichtbar. Farbe: Dunkelbraun bei schwarzem und weiß-schwarzem Haarkleid; bei braunem Haarkleid ist ein hellerer Farbton zulässig.

OHREN

Verhältnismäßig klein, dreieckig mit abgerundeter Spitze, gut hinten und seitlich am Oberkopf angesetzt, gut anliegend. Wenn beim erwachsenen Hund das Ohr nach vorne gelegt wird, reicht es bis zum inneren Augenwinkel derselben Seite.

HALS

Kräftig, muskulös, gut auf den Schultern aufgesetzt; lang genug, um eine würdevolle Haltung des Kopfes zu erlauben. Der Hals sollte keine übertrieben entwickelte Wamme aufweisen.

KÖRPER

Knochenstruktur überall massiv. Von der Seite gesehen, ist der Körper tief und kräftig.

OBERLINIE: Vom Widerrist zur Kruppe horizontal und fest.

RÜCKEN: Breit.

LENDEN: Kräftig und gut bemuskelt.

KRUPPE: Breit, in einem Winkel von ca. 30° abfallend.

BRUST: Breit, geräumig und tief; gut gerundeter Rippenkorb.

UNTERLINIE UND BAUCH: Fast horizontal, nie aufgezogen.

GLIEDMASSEN

VORDERHAND

Die Vorderläufe sind gerade und parallel, auch im Schritt und langsamen Trab.

SCHULTERN: Sehr gut bemuskelt und gut schräg nach hinten gelagert.

ELLENBOGEN: Gut an der Brust anliegend.

VORDERMITTELFUSS: Leicht schräg gestellt.
VORDERPFOTEN: Groß und harmonisch zum Körper passend; gut gerundet mit eng aneinander liegenden, festen und kompakten Zehen; eine Zwischenzehenhaut ist vorhanden.

HINTERHAND

Da der Schub zum Ziehen schwerer Lasten, zum Schwimmen und für einen zugkräftigen, raumgreifenden Schritt in großem Maße von der Hinterhand abhängt, ist die Beschaffenheit der Hinterhand beim Neufundländer von höchster Bedeutung. Das Becken soll kräftig, breit und lang sein.
OBERSCHENKEL: Breit und muskulös.
KNIE: Gut gewinkelt, aber nicht so stark, dass der Hund zusammengekauert aussieht.
UNTERSCHENKEL: Kräftig und recht lang.
HINTERMITTELFUSS: Verhältnismäßig kurz, gut tief angesetzt; beidseitig parallel und weit voneinander gestellt; weder nach innen noch nach außen gedreht.
HINTERPFOTEN: Kräftig und kompakt. Wenn vorhanden, sollten Wolfskrallen entfernt sein.

RUTE

Wenn der Neufundländer schwimmt, wirkt die Rute wie ein Steuerruder; daher ist sie kräftig und breit an ihrem Ansatz. Im Stand hängt sie gerade herab, allenfalls mit einem kleinen Bogen am Ende. Sie reicht bis zum Sprunggelenk oder geringfügig darunter. In der Bewegung oder wenn der Hund erregt ist, wird sie gerade und waagrecht mit, an der Spitze, einer geringfügigen Biegung nach oben getragen; nie über den Rücken gerollt oder zwischen die Hinterläufe geklemmt.

GANGWERK

Beim Neufundländer zeigt der Bewegungsablauf einen guten Vortritt der Vorderläufe und einen starken Schub aus der Hinterhand; er vermittelt den Eindruck von Mühelosigkeit und Kraft. Ein leichtes Rollen des Rückens ist natürlich. Wenn die Geschwindigkeit zunimmt, zeigen die Läufe die Tendenz, sich der mittleren Schwerpunktslinie des Körpers zu nähern, wobei die Rückenlinie horizontal bleibt.

HAARKLEID

HAAR

Der Neufundländer hat ein wasserundurchlässiges Stockhaar. Das Deckhaar ist mäßig lang und gerade, nicht gelockt. Eine leichte Wellenbewegung ist erlaubt. Die Unterwolle ist weich und dicht, dichter im Winter als im Sommer, aber auf der Kruppe und an der Brust immer bis zu einem gewissen Grad vorhanden. Am Kopf, am Fang und an den Ohren ist das Haar kurz und fein. Vorder- und Hinterläufe sind befedert. Die Rute ist vollständig von langem dichtem Haar bedeckt, welches jedoch keine Fahne bilden sollte. Trimmen und Scheren sind nicht zu empfehlen.

FARBE

SCHWARZ: Die herkömmliche Farbe des Neufundländers ist Schwarz. Der Farbton soll so einheitlich wie möglich sein, aber ein leichter Schimmer wie von Sonnenbrand ist zulässig. Weiße Abzeichen an der Brust, an den Zehen und/oder an der Spitze der Rute sind erlaubt.
WEISS-SCHWARZ: Diese Varietät ist für die Rasse von historischer Bedeutung. Zu bevorzugen sind ein schwarzer Kopf mit weißer Blesse, die sich bis zum Fang hin erstreckt, ein schwarzer Sattel mit gleichmäßigen Abzeichen und eine schwarze Kruppe mit schwarzer Oberseite der Rute. Alles Übrige muss weiß sein und darf ein Minimum an Tüpfelung aufweisen.
BRAUN: Diese Farbe geht von schokoladefarben bis zu

bronzefarben. Weiße Abzeichen sind an der Brust, auf den Zehen und/oder an der Spitze der Rute zulässig. Weiß-schwarze und braune Hunde sind bei Ausstellungen in derselben Klasse wie die schwarzen zu beurteilen.

GRÖSSE UND GEWICHT

Die Widerristhöhe beträgt im Durchschnitt für erwachsene Rüden 71 cm, für erwachsene Hündinnen 66 cm. Das Gewicht beträgt im Durchschnitt ca. 68 kg für Rüden, ca. 54 kg für Hündinnen. Eine große Widerristhöhe ist erwünscht, aber die Größe ist gegenüber Symmetrie, allgemeinem Gesundheitszustand, kräftiger Konstitution und einwandfreiem Bewegungsablauf nicht zu bevorzugen.

FEHLER

Jede Abweichung von den vorgenannten Punkten muss als Fehler angesehen werden, dessen Bewertung in genauem Verhältnis zum Grad der Abweichung stehen sollte.

ALLGEMEINES ERSCHEINUNGSBILD: Hochbeinig, Mangel an Substanz.

ALLGEMEINE STRUKTUR DES KNOCHENGERÜSTS: Schwerfällig in seinem Aussehen, dünne Knochen.

CHARAKTER: Aggressivität, Scheuheit.

KOPF: Schmal.

FANG: Zugespitzt oder lang.

LEFZEN: Betont.

AUGEN: Rund, vorstehend; gelbe Augen, rote Bindehaut klar sichtbar.

RÜCKEN: Karpfenrücken, weicher Rücken oder Sattelrücken.

RUTE: Kurz, lang; Knickrute; Spitze eingerollt.

VORDERHAND: Vordermittelfuß durchgetreten; gespreizte Zehen; nach außen oder nach innen abgedrehte Pfoten. Fehlen der Zwischenzehenhäute.

HINTERHAND: Steil gewinkelte Kniegelenke; kuhhessig, fassbeinig; nach innen gedrehte Pfoten.

GANGWERK: Trippelnder, schleppender, krebsartig seitlich verschobener Gang, Bewegung eng oder strickend, Überkreuzen der Vorderläufe, zehenweiter oder eindeutig zehenenger Bewegungsablauf der Vorderläufe; steppender Gang, Passgang.

HAARKLEID: Spärlich. Fehlen der Unterwolle.

AUSSCHLIESSENDE FEHLER

Schlechte Charaktereigenschaften. Vorbiss, Rückbiss, Kreuzbiss. Kurzes oder flach anliegendes Haarkleid. Abzeichen von irgendeiner anderen Farbe als Weiß bei schwarzem oder braunem Haarkleid. Jede andere Farbe als Schwarz, Weiß-schwarz oder Braun.

N.B.

Rüden müssen zwei offensichtlich normal entwickelte Hoden aufweisen, die sich vollständig im Hodensack befinden.

▸ Zum Weiterlesen

NEUFUNDLÄNDER

Bruno, Emmy: Neufundländer. Kynos-Verlag, Mürlenbach 1995.

Butenhoff, Karin und Roger Mazenauer: Das Neufundländerbuch. Über den sanften Riesen der Hundewelt. Eigenverlag der Autorin 2000.

Goerttler, Viktor: Neufundländer und Landseer. A. Ziemsen Verlag, Wittenberg Lutherstadt 1981.

HALTUNG

Beck, Peter: Das Beste für meinen Hund. Profitipps für Hundefreunde. Kosmos, Stuttgart 2000.

Durst-Benning, Petra und Carola Kusch: Der große Spiele-Spaß für Hunde. 60 Spiele für drinnen und draußen. Kosmos, Stuttgart 1997.

Harries, Brigitte: Ein Welpe kommt ins Haus. Kosmos, Stuttgart 1995.

Kejcz, Yvonne: Hundehaltung. Kosmos, Stuttgart 2001.

Kejcz, Yvonne: Unser Hund wird alt. Kosmos, Stuttgart 1994.
Tammer, Isabell: Hundeernährung. Kosmos, Stuttgart 2000.

ERZIEHUNG

Donaldson, Jean: Hunde sind anders ... Menschen auch – so gelingt die Verständigung zwischen Mensch und Hund. Kosmos, Stuttgart 2000.
Hoefs, Nicole und Petra Führmann: Das Kosmos-Erziehungsprogramm für Hunde. Kosmos, Stuttgart 1999.
Hoefs, Nicole und Petra Führmann: Das Kosmos-Erziehungsprogramm für Hunde. Video. Kosmos, Stuttgart 2001.
Jones, Renate: Welpenschule leichtgemacht. Kosmos, Stuttgart 1997.
Pietralla, Martin: Clickertraining für Hunde. Kosmos, Stuttgart 2000.
Pryor, Karen: Positiv bestärken, sanft erziehen. Die verblüffende Methode, nicht nur für Hunde. Kosmos, Stuttgart 1999.
Tellington-Jones, Linda: Tellington-Training für Hunde. Das Praxisbuch zu TTouch und TTeam. Kosmos, Stuttgart 1999.
Tellington-Jones, Linda: Tellington-Training für Hunde. Video. Kosmos, Stuttgart 2001.
Winkler, Sabine: Hundeerziehung. Kosmos, Stuttgart 2000.
Winkler, Sabine: So lernt mein Hund. Kosmos, Stuttgart 2001.
Wright, John C. und Judi Wright Lashnits: Wenn Hunde machen, was sie wollen ... Kosmos, Stuttgart 2001.

VERHALTEN

Feddersen-Petersen, Dr. Dorit: Hunde und ihre Menschen. Kosmos, Stuttgart 2001.
Feddersen-Petersen, Dr. Dorit: Hundepsychologie. Kosmos, Stuttgart 2000.
Harries, Brigitte: Hundesprache verstehen. Kosmos, Stuttgart 1998.
Schöning, Dr. Barbara: Hundeverhalten. Kosmos, Stuttgart 2001.

GESUNDHEIT

Becvar, Dr. Wolfgang: Naturheilkunde für Hunde. Grundlagen, Methoden, Krankheitsbilder. Kosmos, Stuttgart 1994.
Durst-Benning, Petra: Kräuterapotheke für Hunde. Kosmos, Stuttgart 1998.
Lausberg, Frank: Erste Hilfe für den Hund. Kosmos, Stuttgart 1999.
Rakow, Dr. Barbara: Der homöopathische Hundedoktor. Kosmos, Stuttgart 1999.
Rustige, Dr. Barbara: Hundekrankheiten. Kosmos, Stuttgart 1999.
Stein, Petra: Bach-Blüten für Hunde. Kosmos, Stuttgart 1997.
Zidonis, Nancy A. und Marie K. Soderberg: Akupressur für Hunde. Kosmos, Stuttgart 1999.

▸ Adressen

DEUTSCHLAND

Deutscher Neufundländer-Klub (DNK)
1. Vorsitzender
Wulf A. Gewert
Kaiser-Wilhelm-Ring 38
D-50672 Köln
Tel.: 02 21 - 13 30 38
Fax: 02 21 - 12 44 82
www.neufundlaender-dnk.de

Geschäftsführerin
Sigrid Kietzmann
Im Alten Dorf 12
D-29690 Grethem-Büchten
Tel.: 0 51 64 - 90 15 50
Fax: 0 51 64 - 90 15 52
sigrid.kietzmann@t-online.de

Zuchtbuchstelle und Welpenvermittlung
Inge Brüning
Beckmannweg 1
D-46286 Dorsten
Tel.: 0 23 69 - 2 45 75
Fax: 0 23 69 - 2 45 76
inge.bruening@t-online.de

Offizieller Beauftragter des DNK für Wasserarbeit
Manfred Wörner
Kleiner Ostring 115
D-70374 Stuttgart
Tel.: 07 11 - 9 53 90 90
Fax: 07 11 - 95 39 09 32

Erziehungs- und Ausbildungsausschuss im DNK
Nicole Haberer
Bonnstr. 10
D-45470 Mülheim/Ruhr
Tel.: 02 08 - 47 68 48
Fax: 02 08 - 43 05 76
NHaberer1@aol.com

Aktion »Neufundländer in Not«
Gabi Tigges
Gartenstr. 53
D-54344 Kenn
Tel.: 0 65 02-9 55 63
Fax: 0 65 02-93 65 56
Gabi.Tigges@t-online.de

Verein von Neufundländer-Freunden und -Züchtern in Deutschland e.V.(VND)
www.neufundlaender-vnd.de

Verband für das Deutsche Hundewesen e.V. (VDH)
Westfalendamm 174
D 44147 Dortmund
Tel.: 02 31-56 50 00
Fax: 02 31-59 24 40
www.vdh.de
e-mail: Info a vdh.de

Österreichischer Neufundländer Klub (ÖNK)
Obmann u. Geschäftsstelle
Walter Zahn
Almeggerstraße 4
A-4654 Bad Wimsbach-Neydhartin
Tel./Fax: 0 72 45-2 53 76
walter.zahn@multikom.at
www.neufundlaender.at

Österreichischer Kynologenverband (ÖKV)
Johann-Teufel-Gasse 8
A-1238 Wien
Tel: 01 - 80 888 70 92
Fax: 01 - 80 889 26 21
www.oekv.at

SCHWEIZ

Schweizerischer Neufundländer- und landseer-Klub (SNLK)
Präsident Gerhard Kunz
Bernstr. 11
CH-3322 Schönbühl
Tel.: 0 31-8 59 69 69
www.neufundländer.ch

Schweizerische Kynologische Gesellschaft (SKG)
Geschäftsstelle
Länggaßstr. 8
CH-3012 Bern
Tel: 0 31-3 01 58 19
Fax: 0 31-3 02 02 15
www.hundeweb.org

Register

Bildnachweis
Farbfotos von Brinkmann (S. 43), Wolfgang Dettlaff (6, S. 3lm, 13, 38, 99, 101, 124l), C. Diederichs (S. 93), Monika Erd (S. 49), Wulf A. Gewert (S. 124r), Großhauser (3, S. 8, 21, 109), N. Haberer (6, S. 95o, 95u, 97, 98, 104u, 105), Juniors Bildarchiv/Kuczka (S. 1), U. Kuhnen (S. 96), L. Lenz (S. 17), Müller (2, S. 2ur, 90), Ralf Roppelt/Kosmos (Kapitelkennfotos ohne Hund), Christof Salata/ Kosmos (alle übrigen 63 Aufnahmen), J. Schmidt (S. 94), Welzbacher (4, S. 30, 106, 107, 108).

Zeichnungen von Rainer Benz (S. 65), Milada Krautmann (3, S. 57, 58, 114u) sowie 3 historische Abbildungen aus dem Archiv der Verfasser.

Impressum
Umschlag von Atelier Reichert, Stuttgart, unter Verwendung von 3 Farbfotos von Christof Salata/ Kosmos.

Mit 106 Farbfotos, 2 Farbzeichnungen und 5 Schwarzweißzeichnungen.

Die Deutsche Bibliothek – CIP-Einheitsaufnahme
Ein Titelsatz für diese Publikation ist bei
Der Deutschen Bibliothek erhältlich

Gedruckt auf chlorfrei gebleichtem Papier

ISBN 3-440-08117-6
Redaktion: Angela Beck
Gestaltungskonzept: eStudio Calamar
Satz und Gestaltung: Andrea Kunkel, Stuttgart
Printed in Czech Republic / Imprimé en République tchèque
Druck und Binden: Těšínská Tiskárna, a.s., Český Těšín

Hundepass

NAME

GESCHLECHT

TÄTOWIERUNG

GEWORFEN AM

BEKOMMEN AM

BESONDERE MERKMALE

WICHTIGE ADRESSEN

TIERARZT

TIERÄRZTLICHER NOTDIENST

HUNDEVEREIN

HUNDEPENSION

HAFTPFLICHTVERSICHERUNG

ZOOFACHHANDEL

InfoLine

WULF A. GEWERT

ist Neufundländerhalter seit 20 Jahren, 1. Vorsitzender des Deutschen Neufundländer-Klubs und mit allen Fragen über Zucht, Ausstellung und Haltung dieser Hunde vertraut.

WOLFGANG DETTLAFF

ist Züchter und Zuchtwart im Deutschen Neufundländer-Klub und war als Landesgruppenleiter und Organisator der Wasserarbeit lange Jahre Ansprechpartner für Interessenten und Welpenkäufer.

Sie können sich mit ihren Fragen und Problemen an Wulf A. Gewert und Wolfgang Dettlaff wenden. Schreiben Sie an die »Hunde-InfoLine« (bitte mit Rückporto):

Kosmos Verlag
»Hunde-InfoLine«
Postfach 10 60 11
D-70049 Stuttgart